E. Schmidt / J. Gadamer

Anleitung zur Qualitativen Analyse

Vierzehnte Auflage

bearbeitet von

Dr. F. v. Bruchhausen
o ö. Professor der pharmazeutischen Chemie
Braunschweig

Mit 8 Tabellen

Springer-Verlag Berlin Heidelberg GmbH

ISBN 978-3-662-01357-1   ISBN 978-3-662-01356-4 (eBook)
DOI 10.1007/978-3-662-01356-4

Vorwort zur elften Auflage.

Auf Wunsch des Verlegers habe ich die Bearbeitung der elften Auflage der Anleitung zur qualitativen Analyse von E. SCHMIDT - J. GADAMER übernommen.

Eine radikale Änderung des·Werkchens vorzunehmen, verbot mir die Pietät gegen meine beiden Lehrer ERNST SCHMIDT und JOHANNES GADAMER und auch der Gedanke, daß das Büchlein, wie die rasche Aufeinanderfolge der letzten Auflagen beweist, seinen Zweck erfüllt haben muß.

Die gewissenhafte Prüfung der in den letzten Jahren vorgeschlagenen Änderungen im systematischen Trennungsgange der Kationen ergab nicht die prinzipielle Notwendigkeit von den bewährten alten Verfahren abzugehen, doch sind auch hier zahlreiche kleine Änderungen vorgenommen worden, die sich im Unterricht als zweckmäßig erwiesen haben.

Beim Einzelnachweis von Säuren habe ich eine Anzahl von bisher nicht berücksichtigten Säuren, die durchaus nicht mehr zu den selteneren Stoffen gehören, neu aufgenommen. Hierbei war ich bedacht, auf die vielfachen Störungen, wie sie gerade hier aufzutreten pflegen, weitgehend hinzuweisen, wie es auch in den früheren Auflagen geschehen ist. Die Beliebtheit des Werkchens dürfte zum Teil wenigstens darauf zurückzuführen sein.

In einem Punkte habe ich eine prinzipielle Änderung getroffen, die auf den Vorschlag von Fachgenossen zurückgeht und auch mir richtig erschien. Das Nebeneinander von Brutto- und Ionengleichungen ergab eine sinnverwirrende Fülle von Formeln. In der Neuauflage sind bald die Brutto-, bald die Ionenformeln benutzt worden, wie sie gerade für den betreffenden Fall am zweckmäßigsten erschienen. Den so gewonnenen Platz habe ich zu einer emgehenderen Besprechung der Gruppeneinteilung der Anionen benutzt, durch die die Brauchbarkeit der Tabelle erhöht sein wird.

Von seiten meiner Fachgenossen, der Herren Professoren EMDE-Königsberg, FEIST-Göttingen, KELLER-Jena, MANNICH-Berlin und WINTERFELD-Freiburg, bin ich durch mancherlei Hinweise und Verbesserungsvorschläge unterstützt worden, wofür ich den genannten Herren auch an dieser Stelle herzlichst danke.

Zum größten Danke bin ich meinem Mitarbeiter, Herrn Dr. BERSCH verpflichtet, der mich bei der Bearbeitung und Korrektur unermüdlich unterstützt hat.

Würzburg, Oktober 1932.

F. v. Bruchhausen.

Vorwort zur zwölften Auflage.

Von den Änderungen dieser Auflage gegenüber der elften sei nur eine hervorgehoben, die die dem Buche eigentümliche Phosphorsäure-Abtrennung mit Schwefelsäure und Alkohol betrifft. Bei dieser Methode, die sich im Unterricht sehr bewährt hat, machte sich die Löslichkeit des Zinksulfats in Alkohol störend bemerkbar. Aus diesem Grunde wurde das Zink durch Ammoniak von den alaunbildenden Elementen und den Erdalkalien abgetrennt, was die Sicherheit dieses einfachen Ganges erhöhen wird.

Herrn Dr. BERSCH kann ich wieder für seine Hilfe bei der Bearbeitung und Korrektur danken.

Würzburg, März 1938.

F. v. Bruchhausen.

Vorwort zur vierzehnten Auflage.

Gegenüber der 13. Auflage, die viel kleine Verbesserungen und eine Erweiterung der Tabellen brachte, stellt die jetzt vorliegende 14. Auflage einen im wesentlichen unveränderten Abdruck dar.

Braunschweig, Juli 1948.

F. v. Bruchhausen.

Inhaltsverzeichnis.

Einleitung.

Erste Abteilung.

Reaktionen.

Zweite Abteilung.

Methode der qualitativen Untersuchung von Substanzen.

Eigentliche Analyse.

Anhang.

Einleitung.

1. Aufgabe der Analyse.

Die Aufgabe der Analyse ist es, in einer Substanz die chemischen Bestandteile zu *erkennen* und zu *trennen*. Zur *Erkennung* dienen die spezifischen Eigenschaften der Körper, wie Kristallgestalt, Farbe, Glanz, Dichte usw.; zur *Trennung* benutzt man in erster Reihe die Möglichkeit, Stoffe in verschiedenen Aggregatzuständen voneinander abzusondern: feste Stoffe von Flüssigkeiten durch Filtration, leicht flüchtige Stoffe von nicht flüchtigen durch Erwärmen usw. Doch können unter Umständen auch andere Wirkungen zur Trennung herangezogen werden; z. B. ist magnetisches Eisen von unmagnetischem Schwefel durch einen Magneten zu scheiden. In den meisten Fällen wird das Untersuchungsmaterial seine Bestandteile nicht von vornherein in erkennbaren und trennbaren Zuständen enthalten, sondern gewöhnlich ist es nötig, durch chemische Maßnahmen die Bestandteile erst in erkennbare und trennbare Formen überzuführen. Diese chemischen Maßnahmen sind die *chemischen Reaktionen*, und die Zusätze, die man benutzt, um aus dem Untersuchungsmaterial charakteristische Stoffe darzustellen, heißen *Reagenzien*.

Erfolgen die Reaktionen ohne Auflösung des Untersuchungsgegenstandes, so spricht man von den Proben *auf trockenem Wege*. Hierher gehören die Prüfung durch Erhitzen im Glühröhrchen, die Flammenfärbungen, die Untersuchung auf der Kohle vor dem Lötrohr, die Herstellung von Borax- und Phosphorsalzperlen. Wird dagegen das Untersuchungsmaterial aufgelöst, so haben wir es mit der *Analyse auf nassem Wege* zu tun. Zur Ausführung einer vollständigen systematischen Erforschung der Zusammensetzung ist dieser letztere Gang immer erforderlich.

Die Fragestellung der chemischen Analyse ist eine doppelte. Handelt es sich nur um die Aufzählung der Einzelbestandteile, so ist die Aufgabe rein qualitativ (*qualitative Analyse*); soll aber auch die Menge der Einzelbestandteile angegeben werden, so kommen wir zur *quantitativen Analyse*.

2. Ionenlehre.

Die bei der Analyse auf nassem Wege hauptsächlich in Betracht kommenden Verbindungen, die Salze, Säuren und Basen, verhalten sich in Lösung (besonders in wäßriger) derart, als wenn sie aus verschiedenen, voneinander wesentlich unabhängigen Teilen bestünden. So geben z. B. alle Zinksalzlösungen, gleichgültig welches ihre anderen Bestandteile sind, eine Reihe identischer Reaktionen, die dem Zink eigentümlich sind; ebenso zeigen alle Sulfate eine Zahl von anderen Reaktionen, die lediglich dem Sulfatbestandteil angehören. Diese unabhängigen Bestandteile nennt man *Ionen*, und ihre selbständige Existenz läßt sich durch Messung des Molekelgewichtes der gelösten Stoffe (hauptsächlich durch die auf der Lehre vom osmotischen Druck theoretisch fußenden Methoden der Siedepunktserhöhung und Gefrierpunktserniedrigung) bestätigen. Überall, wo Ionen auftreten, ist auch *elektrolytisches Leitvermögen* vorhanden, indem beim Durchgange eines elektrischen Stromes durch die Lösung die Ionen sich zu den *Elektroden* bewegen. Daraus ist zu schließen, daß die Elektrizität mit Hilfe der Ionen transportiert wird, daß also die Ionen Träger elektrischer Ladungen sind. Die Spaltung einer Verbindung in Ionen wird als *elektrolytische Dissoziation* (oder *Ionisation*) bezeichnet, und die spaltbaren Verbindungen heißen *Elektrolyte* (im Gegensatz zu den nicht spaltbaren „Nichtelektrolyten", wie in den indifferenten organischen Verbindungen).

Taucht man in die Lösung eines Salzes, z. B. des Kupferchlorids, die Kupfer- und Chlorionen enthält, zwei mit den Polen einer elektrischen Stromquelle verbundene, also entgegengesetzt elektrisch geladene Metallplatten, so wandern die Kupferionen an die negative Metallplatte (*Kathode*) und die Chlorionen an die positive (*Anode*). Da sich entgegengesetzte Elektrizitäten anziehen, müssen also die Kupferionen positiv (*Kationen*) und die Chlorionen negativ (*Anionen*) geladen sein. An den Metallplatten geben die Ionen diesen ihre Ladungen ab und erscheinen nunmehr im elektrisch neutralen Zustande des Kupfermetalls und des Chlorgases. In entsprechender Weise läßt sich in sämtlichen Elektrolytlösungen gleichzeitig die Gegenwart von positiven und negativen Ionen feststellen; niemals treten in ihnen nur gleichartig geladene Ionen auf. Positive Ionenladungen werden durch , negative durch angedeutet.

Trotz des Vorhandenseins der elektrisch geladenen Ionen verhalten sich alle Elektrolytlösungen nach außen elektrisch indifferent, was nur möglich ist, wenn sich in jeder Lösung gleich viel positive und negative Ladungen befinden (*Elektroneutralität*). In einer Kochsalzlösung, wo die Kochsalzmolekeln in Natrium- und Chlorionen zerfallen:

$$NaCl = Na^{\cdot} + Cl'$$

trägt demnach das Natriumion genau so viel positive Elektrizität als das Chlorion negative. Die negative Ladung des Chlorions ist experimentell bestimmbar und heißt ein *Elektron.* In einer Lösung von Baryumchlorid liegen aber die Bedingungen insofern anders, als bei der elektrolytischen Dissoziation aus einer Salzmolekel ein Baryumion und gleichzeitig zwei Chlorionen entstehen. Da letztere zwei Elektronen repräsentieren, kann der elektrische Ausgleich bei der Baryumchloridlösung nur dann stattfinden, wenn jedes Baryumion doppelt so stark positiv geladen ist als das Chlorion negativ. Die Spaltung des Baryumchlorids in Ionen ist daher zu schreiben:

$$BaCl_2 = Ba^{\cdot\cdot} + 2\,Cl'.$$

Daß die kleinste chemisch reagierende Menge Baryum in ihrer Fähigkeit, Chloratome zu binden, die doppelte Wirkung ausübt wie die kleinste chemisch reagierende Menge Natrium, ist aus der *Valenzlehre* seit langem bekannt, wo das Natrium als einwertiges und das Baryum als zweiwertiges Element charakterisiert werden. Genau so wie die Wertigkeiten verhalten sich auch die Zahlen der Ionenladungen, und diese Erscheinung findet sich bei allen entsprechenden Fällen wieder. Die Zahl der Wertigkeiten eines Elementes und die Zahl seiner Ladungen im Ionenzustande sind identisch.

Die Unterschiede der elektrischen Leitfähigkeit und die Resultate der Molekelgewichtsbestimmungen in wäßrigen Elektrolytlösungen führen zu dem Schlusse, daß die Elektrolyte nicht vollständig, sondern nur teilweise in Ionen gespalten sind. Als Maßstab der Ionisation dient der *Dissoziationsgrad,* der das Verhältnis der Konzentration der zerfallenen Molekeln zur Gesamtkonzentration angibt. Der Dissoziationsgrad ist bei ein und derselben Verbindung etwas abhängig von der Temperatur und steigt immer, wenn auch langsam, mit der Verdünnung. Dagegen bedingt die Verschiedenheit der Stoffe häufig sehr große Differenzen im Dissoziationsgrade. *Starke* Elektrolyte haben eine große Neigung zur Ionenbildung und sind deshalb auch in konzentrierten Lösungen zum großen Teile ionisiert, während *schwache* Elektrolyte erst durch große Verdünnung zu erheblicheren Bruchteilen in Ionen zerfallen.

Nach der Dissoziationstheorie ergeben sich für die Basen, Säuren und Salze folgende einfache Definitionen. Werden die Formeln einiger Säuren in ihren Ionen untereinander geschrieben:

$$H^{\cdot}\,Cl' \quad \text{Salzsäure}$$
$$H^{\cdot}\,NO_3' \quad \text{Salpetersäure}$$
$$\begin{matrix} H^{\cdot} \\ H^{\cdot} \end{matrix}\,SO_4'' \quad \text{Schwefelsäure}$$

so sieht man sofort, daß allen diesen Verbindungen gemeinsam das Wasserstoffion ist, und das rechtfertigt die Auffassung, daß die gemeinsamen sauren Eigenschaften dem Wasserstoffion angehören. Also sind

Säuren Wasserstoffverbindungen, welche Wasserstoffionen abzuspalten vermögen. Bei den Basen sind die Formeln in Ionenform:

$$Na^{\cdot} OH'\ \text{Natronlauge}$$
$$K^{\cdot} OH'\ \text{Kalilauge}$$
$$Ca^{\cdot\cdot} {OH' \atop OH'}\ \text{Kalkwasser}$$

Hier erscheint in allen Verbindungen das Hydroxylion, und so kommt man zu der Definition: *Basen sind Verbindungen, welche Hydroxylionen abspalten.* Betrachtet man die negativen Ionen aus der ersten Tabelle und die positiven aus der zweiten zusammen, so führen diese zu den Salzen:

$$Na^{\cdot}Cl'\ \text{Chlornatrium}$$
$$K^{\cdot}NO_3'\ \text{Kaliumnitrat}$$
$$Ca^{\cdot\cdot}SO_4''\ \text{Calciumsulfat}$$

Salze sind demnach ionenbildende Verbindungen, die aber weder Wasserstoff- noch Hydroxylionen liefern. Diese Darlegung von den Säuren und Basen erklärt auch sofort, was man unter starken Säuren und Basen zu verstehen hat. *Stark sind Säuren (oder Basen), welche in der Volumeinheit viel Wasserstoff- (oder Hydroxyl-)ionen enthalten; schwache Säuren oder Basen enthalten dagegen die charakteristischen Ionen nur in kleiner Menge.*

Nach der Zahl der Wasserstoffionen, welche eine Säure je Molekel zu bilden vermag, wird ihre *Basizität* berechnet. Die Chlorwasserstoffsäure HCl ist *einbasisch*, weil sie ihrer Formel gemäß nicht mehr als ein Wasserstoffion je Molekel abspalten kann; aus demselben Grunde ist die Schwefelsäure H_2SO_4 *zweibasisch* und die Phosphorsäure H_3PO_4 *dreibasisch*. Die Dissoziation einer mehrbasischen Säure erfolgt *stufenweise*, so daß z. B. bei der Schwefelsäure zuerst die Spaltung verläuft

$$H_2SO_4 = H^{\cdot} + HSO_4'$$

und bei weiterer Verdünnung dann

$$HSO_4' = H^{\cdot} + SO_4''.$$

In entsprechender Art werden die Basen nach der Zahl der je Molekel abdissoziierbaren Hydroxylionen als *ein-*, *zwei-* und *mehrsäurig* bezeichnet.

Werden wäßrige Lösungen starker Säuren und Basen in äquivalenten Mengen zusammengebracht, so heben sie ihre Wirkungen gegenseitig auf und bilden eine neutrale Lösung (*Neutralisation*). Wie alle chemischen Reaktionen ist auch der Neutralisationsvorgang mit einer *Wärmetönung* verbunden, und zwar liefern alle starken Säuren und Basen die gleiche Neutralisationswärme. Diese Erscheinung ist bei der Formulierung nach den Molekelzusammensetzungen unverständlich. Denn da z. B. nach den Gleichungen

$$HCl + NaOH = NaCl + H_2O$$

und

$$HNO_3 + KOH = KNO_3 + H_2O$$

aus verschiedenen Stoffen verschiedene Salze gebildet würden, so müßten diesen verschiedenen Reaktionen auch verschiedene Wärmemengen entsprechen. Dagegen folgt das Gesetz von der *Gleicheit der Neutralisationswärme* ohne weiteres, wenn man die Ionenformeln benutzt:

$$\underbrace{H^{\cdot} + Cl'}_{\text{Salzsäure}} + \underbrace{Na^{\cdot} + OH'}_{\text{Natronlauge}} = H_2O + \underbrace{Na^{\cdot} + Cl'}_{\text{Chlornatrium}}$$

$$\underbrace{H^{\cdot} + NO_3'}_{\text{Salpetersäure}} + \underbrace{K^{\cdot} + OH'}_{\text{Kalilauge}} = H_2O + \underbrace{K^{\cdot} + NO_3'}_{\text{Kaliumnitrat}}$$

In beiden Fällen entsteht aus dem $H^{\cdot}$-Ion der Säure und dem OH'-Ion der Base undissoziiertes Wasser, während das Anion der Säure und das Kation der Base genau ebenso selbständig in der Salzlösung vorhanden sind, wie sie es vorher in den Säuren- und Basenlösungen waren. Der chemische Vorgang in beiden Fällen ist

$$H^{\cdot} + OH' = H_2O$$

ganz unabhängig von den anderen Ionen in der Lösung, und es ist selbstverständlich, daß die gleiche Reaktion auch immer die gleiche Wärmetönung ergibt.

In den Lösungen der Elektrolyte sind die *Ionen die reaktionsfähigen Bestandteile.* Daher reagieren z. B. alle Chloride in bezug auf ihren Chlorgehalt gleichartig, ergeben also sämtlich die bekannte Fällung mit Silbernitratlösung. Dagegen liefert das Chlor im Chloroform diese Reaktion nicht, denn Chloroform ist kein Elektrolyt, sondern eine indifferente organische Verbindung, in der keine Chlorionen sind. Ebensowenig tritt in einer Lösung von chlorsaurem Kalium $KClO_3$ die Silberreaktion der Chlorionen auf. Läßt man nämlich durch diese Lösung den elektrischen Strom gehen, so kann man feststellen, daß an die negative Elektrode Kaliumionen wandern, während gleichzeitig zur positiven Elektrode sich das Chlor und der Sauerstoff zusammen als negative ClO_3'-Ionen bewegen. Da keine Chlorionen zugegen sind, darf auch die für sie charakteristische Reaktion nicht erscheinen.

Es ist also stets nötig, die Art der Ionen zu kennen, welche in einer Lösung vorkommen, und die genaue Kenntnis hiervon gibt die Erklärung für die *anomalen Reaktionen,* wo in bestimmten Verbindungen eines Elementes die für dieses typischen Reaktionen ausbleiben. Das gelbe und das rote Blutlaugensalz (Kaliumferrocyanid und Kaliumferricyanid) enthalten Eisen, lassen dasselbe aber durch keinen der üblichen Eisennachweise erkennen. Der Grund ist wieder beim Stromdurchgange aufzufinden, indem sich zeigt, daß das Eisen mit dem Cyan zusammen neue selbständige Ionen gebildet hat, die natürlich auch ein besonderes analytisches Verhalten aufweisen. Man nennt solche Ionen komplexe Ionen. Das komplexe Salz Kaliumferrocyanid dissoziiert in

Lösung nach der Gleichung

$$\mathrm{K_4[Fe(CN)_6]} \rightleftarrows 4\,\mathrm{K^{\cdot}} + \mathrm{[Fe(CN)_6]''''}$$

doch zerfällt das komplexe Ion $\mathrm{[Fe(CN)_6]''''}$ zu einem gewissen wenn auch minimalen Betrage weiter in $\mathrm{Fe^{\cdot\cdot}}$ und $6\,\mathrm{CN'}$. Die $\mathrm{Fe^{\cdot\cdot}}$-Ionen sind allerdings nur in so geringer Menge vorhanden, daß sie mit den $\mathrm{Fe^{\cdot\cdot}}$-Reagienzen nicht nachgewiesen werden können. Es gibt aber Komplexsalze, die neben den Komplexionen soviel der ursprünglichen Ionen in Lösung senden, daß die einzelnen Bestandteile analytisch nachweisbar sind. Dies ist z. B. der Fall bei dem auf S. 36 erwähnten Komplexsalz $\mathrm{K_2[Cd(CN)_4]}$, bei dem neben dem Komplexion $\mathrm{[Cd(CN)_4]''}$ soviel $\mathrm{Cd^{\cdot\cdot}}$-Ionen vorhanden sind, daß durch Schwefelwasserstoff das Cadmium ausgefällt werden kann. Je nach dem Grade der Spaltung des Komplexions in die einzelnen Ionen spricht man von stark komplexen (wenig in die Ursprungsionen zerfallenen) oder schwach komplexen (weitgehend in die Ursprungsionen zerfallenen) Ionen.

Ebenso ist klar, daß die *verschiedenen Wertigkeitsstufen* eines Elementes *verschiedene Reaktionen* geben. In den Verbindungen des zweiwertigen Eisens, wie dem Ferrochlorid $\mathrm{FeCl_2}$, entstehen zweiwertige Eisenionen:

$$\mathrm{FeCl_2} = \mathrm{Fe^{\cdot\cdot}} + 2\,\mathrm{Cl'}.$$

Verbindungen mit dreiwertigem Eisen, z. B. das Ferrichlorid $\mathrm{FeCl_3}$, zerfallen dagegen nach der Gleichung

$$\mathrm{FeCl_3} = \mathrm{Fe^{\cdot\cdot\cdot}} + 3\,\mathrm{Cl'}.$$

Da sich trotz der gleichen stofflichen Grundlage in den Ionen $\mathrm{Fe^{\cdot\cdot}}$ und $\mathrm{Fe^{\cdot\cdot\cdot}}$ infolge der wechselnden elektrischen Ladung ganz andere Energiemengen befinden, so ist auch ihr chemischer Charakter verschieden.

Bisher ist vom Wasser nur als Lösungsmittel, aber nicht als Ionenbildner die Rede gewesen. Im Gegenteil, an der einzigen Stelle, wo das Wasser als Reaktionsprodukt erwähnt wurde, dem Neutralisationsvorgange, ist es ausdrücklich als „undissoziierte" Verbindung gekennzeichnet worden. Diese Angabe bedarf aber insofern einer Einschränkung, als bei ganz feinen Messungen auch im Wasser, freilich in sehr geringem Maße, Ionen nachweisbar werden, und zwar nach der Dissoziationsformel

$$\mathrm{H_2O} = \mathrm{H} + \mathrm{OH'}.$$

Man könnte hiergegen einwenden, daß danach das Wasser gleichzeitig Säure und Base sein müßte, während es bekanntlich doch auf die gewöhnlichen Erkennungsmittel dieser Stoffe wie Lackmuspapier neutral reagiert. Dabei wäre aber übersehen, daß stets gleiche Anzahlen von $\mathrm{H^{\cdot}}$- und $\mathrm{OH'}$-Ionen entstehen, die sich in ihrer äußeren Wirkung natürlich aufheben.

Trotz ihrer geringen Menge werden die Ionen des Wassers bei gewissen Reaktionen wichtig. Das kohlensaure Natrium Na_2CO_3 zerfällt bei seiner Ionenspaltung in $2\,Na^{\cdot}$ und CO_3''. Die Kohlensäure ist eine ganz schwache Säure, d. h. eine solche, die nur ganz wenig $H^{\cdot}$-Ionen neben CO_3''-Ionen enthalten kann. Treffen nun die CO_3''-Ionen aus dem Natriumkarbonat mit den $H^{\cdot}$-Ionen des Wassers bei der Auflösung des Salzes zusammen, so entsteht gerade wegen der großen Schwäche der Kohlensäure zum größten Teil undissoziierte H_2CO_3, und die den nunmehr gebundenen $H^{\cdot}$-Ionen des Wassers entsprechenden OH'-Ionen bleiben unkompensiert übrig; die Natriumkarbonatlösung reagiert daher alkalisch (*Hydrolyse* oder *hydrolytische Spaltung*). Dasselbe findet sich nicht nur bei Salzen anderer schwacher Säuren wieder, sondern entsprechend bei den Salzen, die sich von ganz schwachen Basen ableiten und deren Lösungen sauer reagieren, z. B. Kupfer- und Ferrisalzlösungen. Sehr auffällig ist die Hydrolyse der Wismutsalze, weil hier das Hydrolysenprodukt schwer löslich ist, so daß die Wismutsalze sich nicht in Wasser auflösen und sogar aus ihren Lösungen in Säuren durch viel Wasser gefällt werden.

3. Gesetz der chemischen Massenwirkung.

Wenn Stoffe miteinander reagieren, so verläuft die Reaktion niemals vollständig, sondern es bleibt stets eine bestimmte, wenn auch häufig sehr kleine Menge der Ausgangsmaterialien übrig. Das rührt daher, daß nicht nur die anfänglich zusammengebrachten Stoffe ein Reaktionsbestreben haben, sondern ebenso die gebildeten Produkte, und die Reaktion bleibt bei dem Punkte stehen, wo diese beiden entgegengesetzten Tendenzen einander gerade gleich sind (*Chemisches Gleichgewicht*). Jede Reaktion kann also nach beiden Richtungen der Umsetzungsgleichung verlaufen, bis der Gleichgewichtszustand erreicht ist, und um diese „Umkehrbarkeit oder Reversibilität" der Vorgänge auszudrücken, ersetzt man die Gleichheitszeichen der gewöhnlichen Reaktionsgleichungen durch zwei entgegengesetzte (auch halbe) Pfeilstriche, z. B.

$$ZnS + 2\,HCl \rightleftarrows ZnCl_2 + H_2S.$$

Die Größe der Reaktionstendenz jedes Stoffes entspricht (ist proportional) seiner Konzentration (*Gesetz der chemischen Massenwirkung*), und wenn daher zwei Stoffe A und A_1 unter Bildung des Stoffes R miteinander reagieren, so muß (wenn die Konzentration mit den entsprechenden kleinen Buchstaben bezeichnet werden) die Beziehung gelten

$$a \cdot a_1 = K \cdot r$$

wo K ein für jede Reaktion bestimmter Faktor (*Gleichgewichtskonstante*) ist, der das Verhältnis der beiden entgegenwirkenden Reaktionstendenzen ausdrückt.

Treffen in einer Lösung zwei Ionen zusammen, deren Verbindung wenig dissoziiert ist, so bildet sich diese, indem ein großer Teil der Ionen dazu verbraucht wird. Hat die Verbindung charakteristische Eigenschaften, z. B. eine intensive Farbe, oder ist sie schwer löslich, so kann sie zur Erkennung der Ionen bei der Analyse dienen (Farbreaktionen, Fällungsreaktionen). Auf alle diese Ionenreaktionen ist die Gleichung des chemischen Gleichgewichtes anwendbar, und ihre Bedeutung soll an einigen Beispielen gezeigt werden.

Bei den Reaktionen des Magnesiums ist es wichtig, daß die Magnesiumionen durch Ammoniak als Hydroxyd ausfallen, daß diese Abscheidung aber ausbleibt, wenn die Lösung Ammoniumsalze enthält. Die Fällung des Magnesiums als Hydroxyd wird durch die Hydroxylionen der Ammoniaklösung bewirkt, da das Ammoniak in Wasser Ammoniumhydroxyd bildet, das dann entsprechend seiner Basizität zum Teil in Ammonium- und Hydroxylionen dissoziiert:

$$NH_3 + H_2O = NH_4OH$$
$$NH_4OH = NH_4^{\cdot} + OH'.$$

Zwischen den Ionen des Ammoniumhydroxyds und den undissoziierten Molekeln besteht ein chemisches Gleichgewicht, das — wenn wir die Konzentrationen durch in eckige Klammern eingeschlossene chemische Symbole bezeichnen — lautet:

$$[NH_4^{\cdot}]\,[OH'] = K[NH_4OH].$$

Die im Gleichgewicht vorhandene OH'-Ionenmenge ist groß genug, um das Magnesium zu fällen. Befindet sich nun gleichzeitig ein Ammoniumsalz in der Lösung, das wie alle Salze praktisch vollständig in seine Ionen dissoziiert und daher neben dem Anion eine große Menge $NH_4^{\cdot}$-Ionen liefert, so wird die Konzentration der $NH_4^{\cdot}$-Ionen stark vermehrt. Wird aber in der eben geschriebenen Gleichgewichtsgleichung die $NH_4^{\cdot}$-Ionenmenge größer, so muß zur Aufrechterhaltung der Gleichung die OH-Ionenkonzentration geringer werden. Durch die Gegenwart des Ammoniumsalzes sinkt also die Menge der Hydroxylionen, welche die Fällung des Magnesiums bewirken, und bei einer genügenden Ammoniumsalzmenge wird diese Verminderung so stark, daß die übrigbleibenden Hydroxylionen zur Reaktion nicht mehr ausreichen. Allgemein läßt sich sagen, daß *schwache Basen*, wie das Ammoniak, *bei Anwesenheit eines Salzes* mit *gleichem Kation schwächer basisch wirken* als in rein wäßriger Lösung, und aus dem gleichen Grunde zeigen *schwache Säuren*, wie Essigsäure, *in geringerem Maße saure Eigenschaften, wenn ihre Lösung ein Salz mit gleichem Anion enthält.*

Eine analoge Anwendung macht man in der Analyse bei der Unterscheidung der Metalle in eine Schwefelwasserstoff- und eine Ammoniumsulfidgruppe. Der Schwefelwasserstoff dissoziiert in Wasser nach der Gleichung

$$H_2S \rightleftarrows 2\,H^{\cdot} + S''$$

und liefert als sehr schwache Säure nur wenig S''-Ionen. Die Konzentration der S''-Ionen in einer wäßrigen Lösung von Schwefelwasserstoff reicht aber aus, um die Metalle der Schwefelwasserstoff-Gruppe vollständig und die der Ammoniumsulfidgruppe teilweise als Sulfide abzuscheiden. Ist aber gleichzeitig Säure vorhanden, so ruft die Vermehrung der $H^{\cdot}$-Ionen eine Verminderung der S''-Ionenkonzentration hervor und es werden nur noch die Metalle der Schwefelwasserstoffgruppe niedergeschlagen. Fügt man dagegen eine Base, z. B. Ammoniak, hinzu, so wird durch die Bindung der $H^{\cdot}$-Ionen die Zahl der S''-Ionen wesentlich vergrößert, so daß die Fällung der sulfidbildenden Metalle der Ammoniumsulfidgruppe vollständig ist.

Der Rückgang der Dissoziation bei Gegenwart eines gleichionigen Stoffes erklärt es, daß die *Löslichkeit eines Elektrolyten in Wasser größer ist als in der wäßrigen Lösung eines gleichionigen Partners*. Die Löslichkeit eines Elektrolyten setzt sich zusammen aus der Menge der Ionen und der undissoziierten Molekeln, und da die Anwesenheit eines gleichen Ions eine Verminderung der Ionen des zu lösenden Elektrolyten hervorruft, ist notwendigerweise eine Herabsetzung der gesamten Löslichkeit die entsprechende Folge. Daher kommt es, daß Kochsalz aus einer gesättigten Lösung durch starke Salzsäure gefällt wird oder daß Harnsäure in Salzsäure weniger löslich ist als in reinem Wasser. — Es gibt allerdings auch Beispiele, wo die Löslichkeit eines Elektrolyten durch gleiche Ionen vermehrt wird; so löst sich das in Wasser kaum lösliche AgCN bei Zugabe von Kaliumcyanid auf. In allen diesen Fällen handelt es sich aber darum, daß chemische Umsetzungen verlaufen, die ganz neue Verbindungen ergeben. Z. B. bildet das eben erwähnte AgCN mit den Cyanionen des Kaliumcyanids das lösliche komplexe Ion $[Ag(CN)_2]'$.

Das Gesetz der chemischen Massenwirkung führt für die Bildung von Niederschlägen zu folgendem allgemeinen Ergebnis. In der gesättigten Lösung eines Salzes, z. B. des Calciumsulfats, muß, wenn die Konzentration der Ionen mit a und b und die Menge der undissoziierten Molekeln mit r bezeichnet werden, die Beziehung

$$a \cdot b = K \cdot r$$

gelten. Da in einer gesättigten Lösung die Anzahl der undissoziierten Molekeln für jeden Stoff bei einer bestimmten Temperatur einen konstanten Wert hat, so muß die rechte Seite unserer Gleichung ebenfalls konstant sein, und es folgt

$$a \cdot b = L$$

wo L die neue Konstante bedeutet, die das *Löslichkeitsprodukt* genannt wird. In Worten heißt das: Jedesmal, wenn in einer Lösung das Produkt der Ionenkonzentrationen einen für jeden Stoff charakteristischen konstanten Wert überschreitet, muß Ausfällung stattfinden; solange aber dieser Wert nicht erreicht ist, wirkt die Flüssigkeit lösend auf den Stoff ein.

4. Kolloide Lösungen.

Beim Auswaschen mancher Niederschläge auf dem Filter mit reinem Wasser beobachtet man gelegentlich, daß die ablaufende Flüssigkeit nicht klar, sondern trübe ist („durchs Filter laufen"). Diese Erscheinung beruht darauf, daß der — in gewöhnlichem Sinne nicht lösliche — Niederschlag eine *kolloide Lösung* bildet. Von anorganischen Stoffen sind zur Bildung solcher kolloider Lösungen hauptsächlich gewisse Metallhydroxyde (wie Aluminium- oder Zinkhydroxyd), Metallsulfide (wie Kupfersulfid, Nickelsulfid), Metalle (wie Silber, Gold) sowie einige Säuren (Kieselsäure, Metaphosphorsäure, Zinnsäure) befähigt.

Die kolloiden Lösungen unterscheiden sich in vielfacher Beziehung von den normalen. Molekelgewichtsbestimmungen lehren, daß die in kolloider Lösung befindlichen Stoffe nicht bis zu einzelnen Molekeln oder Ionen aufgespalten sind, sondern häufig recht große Molekelkomplexe bilden. Manchmal handelt es sich auch um ganz feine Suspensionen, die wegen der Kleinheit ihrer Teilchen sich gar nicht oder nur sehr langsam absetzen.

Kolloide Lösungen sind wohl nie vollständig klar, sondern zeigen eine größere oder geringere Opaleszenz.

In kolloider Lösung befindliche Stoffe wandern nicht oder nur sehr langsam durch tierische Membranen oder Pergamentpapier, während normal gelöste Stoffe schnell hindurchdiffundieren (*Dialyse*).

Die in Lösung befindlichen Kolloidpartikeln sind gegen das Lösungsmittel elektrisch geladen, und zwar die meisten Metallhydroxyde positiv, die übrigen negativ. Kolloide von entgegengesetzter Ladung können sich unter geeigneten Bedingungen ausfällen, wobei eine Vereinigung beider zu einer *Adsorptionsverbindung* erfolgt. Auch Ionen können entgegengesetzt geladene Kolloide zur Abscheidung bringen (Beispiele: Salze fällen aus Zinnsalzen α-Zinnsäure; durch Schwefelwasserstoff entsteht zwar beim Einleiten in eine wäßrige Auflösung von Arsenik As_2S_3, das aber kolloid gelöst bleibt und sich erst beim Zusatz von Salzsäure niederschlägt). Von dieser Fähigkeit der Elektrolyte macht man Gebrauch, um das „durchs Filter laufen" zu verhindern, indem man das Auswaschen der Niederschläge nicht mit Wasser, sondern mit einer geeigneten Elektrolytlösung vornimmt.

Reaktionen.

α) Reaktionen der wichtigeren Basen.
(Reaktionen der Kationenbildner.)

A. Gruppe der Alkalimetalle.
(K. Na. Li. [NH₄]).

Die Alkalimetalle bilden in den wäßrigen Lösungen ihrer Verbindungen positive, *einwertige*, farblose Ionen: $K^\cdot$, $Na^\cdot$, $Li^\cdot$ usw. Die Lösungen ihrer Hydroxyde zeigen eine sehr weitgehende elektrolytische Dissoziation und wirken daher, infolge der großen Konzentration der OH'-Ionen, als sehr starke Basen (s. S. 4).

1. Kaliumverbindungen[1].

a) *Platinchloridchlorwasserstoffsäure* (Platinchlorid) erzeugt in nicht zu verdünnten, *neutralen* oder *sauren* Lösungen, entweder sofort, oder nach einiger Zeit einen gelben, körnig-kristallinischen Niederschlag von *Kaliumchloroplatinat*: $K_2[PtCl_6]$ (Oktaeder unter dem Mikroskop). Verdünnte Lösungen sind zur Abscheidung dieses Niederschlags, nach Zusatz von Platinchlorid und etwas Salzsäure, zunächst auf ein kleines Volumen einzudampfen und dann nötigenfalls noch mit etwas Alkohol, worin das Chloroplatinat unlöslich ist, zu versetzen; *alkalische* Lösungen sind zuvor mit Salzsäure anzusäuern:

$$2K^\cdot + [PtCl_6]'' = K_2[PtCl_6].$$

* b) *Weinsäure* oder besser *Natriumbitartrat* scheiden aus nicht zu verdünnter, *neutraler* Lösung der Kaliumsalze, entweder sogleich, oder nach einiger Zeit einen körnig-kristallinischen Niederschlag von *Kaliumbitartrat*: $C_4H_5KO_6$, ab. Vorsichtiges Reiben der Wände des Reagensglases mit einem Glasstabe beschleunigt die Abscheidung. *Alkalische* Lösungen sind zuvor mit Essigsäure anzusäuren, *freie Mineralsäuren enthaltende* zuvor ausreichend mit Natriumacetatlösung zu versetzen.

$$KCl + C_4H_5NaO_6 = C_4H_5KO_6 + NaCl.$$

---

[1] Die für die Analyse als Identitätsproben besonders wichtigen Reaktionen sind mit einem Sternchen * versehen.

* c) *Natriumhexanitritokobaltiat*[1] erzeugt in neutralen oder essigsauren Lösungen auch bei großer Verdünnung einen gelben Niederschlag von Kaliumhexanitritokobaltiat. (Ammonsalze reagieren ebenso.) Mineralsaure Lösungen sind mit Natriumacetat abzustumpfen, alkalische Lösungen mit Essigsäure anzusäuern.

$$2\,KCl + Na_3[Co(NO_2)_6] = K_2Na[Co(NO_2)_6] + 2\,NaCl.$$

d) *Kieselfluorwasserstoffsäure* fällt weißes Kaliumsilikofluorid, *Pikrinsäure* gelbes kristallinisches Kaliumpikrat.

* e) *Überchlorsäure* scheidet weißes, kristallinisches *Kaliumperchlorat*: $KClO_4$, ab, in der Kälte ziemlich schwer löslich besonders bei Gegenwart von Alkohol. Ammonsalze können, wenn Alkohol zugegen ist, stören.

* f) Die nicht leuchtende Bunsenflamme wird durch Kaliumsalze violett gefärbt. Durch ein Kobaltglas oder ein mit Indigolösung gefülltes Prisma betrachtet, erscheint die Kaliumflamme karmoisinrot gefärbt; diese Färbung tritt auch bei Gegenwart von Natriumsalzen auf, die andernfalls die Kaliumflamme leicht verdecken. Durch Befeuchten des zu prüfenden Salzes mit Salzsäure oder mit konz. Schwefelsäure wird häufig die Flammenfärbung verstärkt.

2. Natriumverbindungen.

* a) *Kaliumpyroantimonatlösung* — hergestellt durch kurzes Aufkochen einer Messerspitze Kaliumpyroantimonat in etwa 3 ccm Wasser, Abkühlen und vom Ungelösten filtrieren — scheidet aus nicht zu verdünnten, *neutralen* oder mit Kalilauge *schwach alkalisch* gemachten Lösungen nach einiger Zeit einen körnig-kristallinischen Niederschlag ab[2]. (Unter dem Mikroskop wetzsteinförmige Kristalle.)
Bei Gegenwart von Säure und Ammonsalzen fällt amorphe Antimonsäure.

b) *Platinchloridchlorwasserstoffsäure*, *Weinsäure*, *Überchlorsäure* und *Pikrinsäure* fällen die Lösungen der Natriumverbindungen *nicht*.

* c) *Magnesiumuranylacetat*[3] erzeugt bei genügendem Überschuß selbst in verdünnten, phosphorsäurefreien Lösungen einen kristallinischen

---

[1] Man löst 5,0 Kobaltnitrat $(Co[NO_3]_2 + 6\,H_2O)$ in 75 ccm Wasser; ferner 5,0 Natriumnitrit in 25 ccm Wasser, gießt beide Lösungen zusammen und fügt tropfenweise 1,5 ccm Eisessig hinzu. Zur Abscheidung evtl. vorhandener Kalium- und Ammoniumsalze läßt man verschlossen eine halbe Stunde stehen und filtriert. Die Lösung ist nicht sehr haltbar und muß öfter erneuert werden. Eine sehr zweckmäßige Form ist das feste Natriumhexanitritokobaltiat (BIILMANN, Zeitschr. f. analyt. Chem. **39**, 284. 1900 und RUPP, Apoth. Ztg. **47**, 282, 1932).

[2] Dem Fällungsprodukt erteilt man statt der früher üblichen Formel $Na_2H_2Sb_2O_7 + 6\,H_2O$ neuerdings die Zusammensetzung $Na[Sb(OH)_6]$.

[3] Man löst 10,0 Uranylacetat nach Zugabe von 6,0 Eisessig in Wasser zu 50 ccm, ferner 33,0 Magnesiumacetat nach Zugabe von 6,0 Eisessig in Wasser zu 50 ccm und vereinigt beide Lösungen. Nach mehrtägigem Stehen wird ein eventuell entstandener Niederschlag abfiltriert.

Niederschlag von *Natriummagnesiumuranylacetat*:

$$NaMg(UO_2)_3(CH_3COO)_9 + 9\,H_2O.$$

Kalium und Ammonium geben keine Fällung, es sei denn, die Lösung enthielte mehr als 2 v. H. davon.

* d) Die nicht leuchtende Bunsenflamme wird durch Natriumsalze *intensiv* gelb gefärbt. Durch ein Kobaltglas oder ein Indigoprisma betrachtet, verschwindet die Färbung.

3. Lithiumverbindungen.

a) *Platinchloridchlorwasserstoffsäure* und *Weinsäurelösung* verursachen in den Lösungen der Lithiumsalze keine Fällung.

b) *Natrium-* und *Kaliumkarbonatlösung* scheiden aus nicht zu verdünnten Lithiumsalzlösungen, namentlich beim Erwärmen, weißes *Lithiumkarbonat*: Li_2CO_3, aus.

c) *Natriumphosphat* scheidet aus nicht zu verdünnten mit Natronlauge alkalisch gemachten Lithiumsalzlösungen weißes Lithiumphosphat: Li_3PO_4, aus. Kochen beschleunigt die Abscheidung.

d) Die Lithiumsalze erteilen der nichtleuchtenden Flamme des Bunsenbrenners eine karminrote Färbung, welche nicht durch Kaliumsalze, wohl aber durch Natriumsalze verdeckt wird. Bei Betrachtung durch eine dünne Schicht Indigolösung bleibt die Lithiumflamme sichtbar, während die Natriumflamme verschwindet. Durch dickere Schichten von Indigolösung oder durch Kobaltglas betrachtet, verschwindet auch die Lithiumfärbung, wogegen die Kaliumflamme sichtbar bleibt. Die sicherste Entscheidung liefert der Spektralapparat durch die sehr empfindliche rote Linie 671 $\mu\mu$.

4. Ammoniumverbindungen.

Die Ammoniumverbindungen sind in wäßriger Lösung unter Bildung des *einwertigen*, dem Kaliumion $K^{\cdot}$ sehr ähnlichen Ammoniumion $NH_4^{\cdot}$ stark dissoziiert. Das gleiche gilt vom Ammoniumhydroxyd. In der wäßrigen Ammoniaklösung besteht jedoch ein Gleichgewichtszustand im Sinne folgender Gleichung:

$$NH_3 + H_2O \rightleftarrows NH_4OH \rightleftarrows NH_4^{\cdot} + OH'$$

in dem die linke Seite bei weitem überwiegt (s. S. 8).

Die basische Wirkung der wäßrigen Ammoniaklösung ist daher gering, weil nur eine schwache OH'-Konzentration vorliegt.

a) Die Ammoniumverbindungen kennzeichnen sich zunächst durch ihre Flüchtigkeit (Erhitzen auf dem Platinbleche oder in einem unten geschlossenen Glasröhrchen — Glühröhrchen —).

* b) *Natronlauge*[a] sowie andere starke Basen entwickeln aus Ammoniumverbindungen beim Erhitzen *Ammoniakgas*: NH_3, kenntlich am Geruch, an der Blaufärbung eines *befeuchteten* roten Lackmuspapieres, an der Schwarzfärbung eines mit wäßriger Mercuronitratlösung[b] befeuchteten Papierstreifens, sowie an den weißen Nebeln, welche sich von einem über die Mischung gehaltenen, mit Salzsäure[c] befeuchteten Glasstabe entwickeln.

a) $$NH_4Cl + NaOH = NH_3 + NaCl + H_2O$$

b) $2NH_3 + 2NH_4OH + 4HgNO_3 = O\left\langle\begin{matrix}Hg\text{—}NH_2\\Hg\text{—}NO_3\end{matrix}\right._2 + 2Hg\,(\text{schwarz}) + 3NH_4NO_3$

c) $\qquad\qquad\qquad NH_3 + HCl = NH_4Cl.$

c) *Platinchloridchlorwasserstoffsäure*, *Weinsäure* und *Natriumhexanitritokobaltiat* geben mit Ammoniumsalzen den Kaliumsalzen analoge Fällungen.

* d) Sehr geringe Mengen von Ammoniumverbindungen oder von Ammoniak (z. B. im Trinkwasser) lassen sich durch die gelbe bis braunrote Färbung nachweisen, die auf Zusatz von einigen Tropfen einer Lösung von *Kalium-Quecksilberjodid* in Kalilauge (NESSLERschem *Reagens*)[1] eintritt.

$$2K[HgJ_3] + NH_3 + 3KOH = O\left\langle\begin{matrix}Hg\text{—}NH_2\\HgJ.\end{matrix}\right. + 2H_2O + 5KJ.$$

B. Gruppe der Erdalkalimetalle.

(Ca. Sr. Ba.)

Die Erdalkalimetalle bilden in den wäßrigen Lösungen ihrer Verbindungen positive, *zweiwertige, farblose* Ionen: $Ca^{..}$, $Sr^{..}$, $Ba^{..}$. Die Neigung, in Ionenform in Lösung zu gehen, ist bei den Erdalkalimetallen geringer als bei den Alkalimetallen. Die Hydroxyde derselben sind weniger löslich als die der Alkalimetalle, und zwar abnehmend vom Ba zum Ca. In Lösung sind die Hydroxyde der Erdalkalimetalle jedoch noch stark dissoziiert, so daß sie noch als starke Basen wirken (s. S. 4).

1. Calciumverbindungen.

a) *Ammoniumkarbonat* $[NH_4HCO_3,\ (NH_4)_2CO_3]$ erzeugt eine voluminöse, amorphe Fällung[a], die erst beim Erwärmen auf 70° vollständig wird[b]. Hierbei wird der Niederschlag kristallinisch. Kalium- und Natriumkarbonat geben den gleichen Niederschlag von Calciumkarbonat: $CaCO_3$.

a) $Ca^{..} + CO_3'' = CaCO_3$
b) $Ca^{..} + 2HCO_3' = Ca(HCO_3)_2$
$\quad Ca(HCO_3)_2 = CaCO_3 + CO_2 + H_2O.$

* b) *Verdünnte Schwefelsäure* (1 : 5) und *lösliche Sulfate* fällen nur in *konzentrierten* Calciumsalzlösungen weißes kristallinisches *Calciumsulfat*: $CaSO_4 + 2H_2O$; verdünnte Lösungen werden erst nach längerer Zeit oder gar nicht gefällt. Im letzteren Falle findet jedoch auf Zusatz von Alkohol *allmählich* eine Fällung statt.

$$Ca^{..} + SO_4'' = CaSO_4.$$

Gipsprobe. Trotz der ziemlich großen Löslichkeit von Calciumsulfat kann seine Bildung zum mikrochemischen Nachweis des Calciums verwendet werden. Versetzt man einige Tropfen einer verdünnten

---

[1] In eine erwärmte Lösung von 2,0 KJ in 5,0 H_2O werde so lange HgJ_2 in kleinen Portionen eingetragen, bis es nicht mehr gelöst wird (etwa 3,2 g), sodann werden 20,0 H_2O und 40,0 Kalilauge (1 : 2) zugefügt, und die Flüssigkeit nach dem Absetzen klar abgegossen oder durch Asbest filtriert.

Calciumsalzlösung mit je einem . Tropfen verd. Salzsäure und verd. Schwefelsäure und engt diese Mischung auf einem Objektträger über einer kleinen Flamme soweit ein, bis der Rand der Flüssigkeit zu erstarren beginnt, so sind nach dem Erkalten unter dem Mikroskop die charakteristischen nadelförmigen, häufig zu Büscheln vereinigten Gipskristalle zu erkennen.

c) *Calciumsulfatlösung* (Gipswasser) veranlaßt in den Lösungen der Calciumsalze *keine* Fällung.

* d) *Oxalsäure* und *lösliche Oxalate* scheiden aus *neutralen, ammoniakalischen* und *essigsauren* Calciumsalzlösungen weißes, pulveriges *Calciumoxalat*: $C_2O_4Ca + H_2O$, ab[a], welches sich nicht in Essigsäure oder Oxalsäure, wohl aber in Salzsäure[b] oder Salpetersäure löst.

$$a)\ Ca^{..} + C_2O_4'' = C_2O_4Ca$$
$$b)\ C_2O_4Ca + 2H^. = C_2O_4H_2 + Ca^{..}.$$

e) *Kaliumdichromat, Kaliumchromat* und *Kieselfluorwasserstoffsäure* fällen Calciumsalze *nicht*.

f) *Kaliumferrocyanid* oder besser *Ammoniumferrocyanid* scheidet aus nicht zu verdünnten neutralen oder schwach essigsauren (Zusatz von Ammoniumazetat) Calciumsalzlösungen bei Gegenwart von Ammoniumchlorid langsam weißes Calciumammonferrocyanid ab (Unterschied von Barium und Strontium).

g) Die leicht zersetzbaren Calciumverbindungen (z. B. Calciumchlorid) färben die nicht leuchtende Flamme des Bunsenschen Brenners gelbrot bis ziegelrot. Besonders nach dem Befeuchten der geglühten Masse mit Salzsäure tritt die ziegelrote Färbung auf.

2. Strontiumverbindungen.

a) *Ammonium-, Kalium-* oder *Natriumkarbonat* reagieren mit löslichen Strontiumverbindungen wie mit Calciumverbindungen: $SrCO_3$.

* b) *Verdünnte Schwefelsäure* (1 : 5) und *lösliche Sulfate*, auch Calciumsulfat, *nicht* aber Strontiumsulfatlösung, scheiden *allmählich*, schneller beim Erhitzen weißes, kristallinisches *Strontiumsulfat*: $SrSO_4$, ab.

$$Sr^{..} + SO_4'' = SrSO_4.$$

c) *Oxalsäure* und *lösliche Oxalate* fällen allmählich weißes *Strontiumoxalat*: $C_2O_4Sr + H_2O$, das in Essigsäure und Oxalsäure schwer löslich ist.

$$Sr^{..} + C_2O_4H' \rightleftarrows C_2O_4Sr + H^.$$

d) *Kaliumchromat* scheidet aus nicht zu verdünnten neutralen Lösungen beim Erhitzen *Strontiumchromat* (unter dem Mikroskop charakteristische Nadeln) ab, das in Essigsäure und Salpetersäure löslich ist (*Unterschied vom Calcium*).

$$Sr^{..} + CrO_4'' = SrCrO_4.$$

e) *Kaliumdichromat* und *Kieselfluorwasserstoffsäure* fällen Strontiumsalzlösungen *nicht* (*Unterschied vom Barium*).

f) Leicht zersetzbare Strontiumsalze (z. B. Strontiumnitrat, Strontiumchlorid) färben die nicht leuchtende Flamme des Bunsenschen Brenners karminrot (vgl. Calciumverbindungen, g.); durch Kobaltglas betrachtet, erscheint sie purpurrot.

3. Bariumverbindungen.

a) *Ammonium-, Kalium-* oder *Natriumkarbonat* reagieren mit löslichen Bariumsalzen wie mit Calciumverbindungen: $BaCO_3$.

* b) *Verdünnte Schwefelsäure* (1 : 5) und *lösliche Sulfate*, auch Calcium- und Strontiumsulfatlösung, fällen feinpulveriges, in verdünnten Säuren unlösliches *Bariumsulfat*: $BaSO_4$.

$$Ba^{\cdot\cdot} + SO_4'' = BaSO_4.$$

In konzentrierter Schwefelsäure ist *Bariumsulfat* infolge Komplexbildung ziemlich leicht löslich.

c) *Ammoniumoxalat* verursacht in neutraler oder essigsaurer, nicht zu konzentrierter Lösung keine Fällung; auf Zusatz von Ammoniak scheidet sich jedoch *Bariumoxalat*: $C_2O_4Ba + H_2O$, aus, das sich im *frisch gefällten Zustande* in Essigsäure und in Oxalsäure löst.

$$BaCl_2 + C_2O_4(NH_4)_2 = C_2O_4Ba + 2\,NH_4Cl$$

* d) *Kaliumdichromat* und *Kaliumchromat* scheiden aus *neutraler* oder aus *essigsaurer* Lösung gelbes *Bariumchromat*: $BaCrO_4$ ab[a]), das unlöslich in Essigsäure und in Natronlauge, leicht löslich in Salzsäure[b]) oder Salpetersäure ist.

a) $Ba^{\cdot\cdot} + CrO_4'' = BaCrO_4.$
b) $BaCrO_4 + 2H^{\cdot} = Ba^{\cdot\cdot} + (CrO_3 + H_2O).$

e) *Kieselfluorwasserstoffsäure* fällt kristallinisches *Bariumsilikofluorid* $BaSiF_6$, das in Wasser und in verdünnten Säuren schwer löslich ist. In verdünnten Lösungen erfolgt die Abscheidung erst nach einiger Zeit; ein Zusatz von Alkohol beschleunigt sie.

$$Ba^{\cdot\cdot} + SiF_6'' = BaSiF_6.$$

* f) Die leicht zersetzbaren Bariumsalze (z. B. Bariumchlorid, Bariumnitrat) färben die nicht leuchtende Flamme des Bunsenschen Brenners gelbgrün.

C. Magnesiumverbindungen.

Die Magnesiumverbindungen liefern in Lösung *zweiwertige*, farblose Ionen: $Mg^{\cdot\cdot}$, die eine gewisse Ähnlichkeit mit denen der Erdalkalimetalle zeigen: Infolge seiner Schwerlöslichkeit besitzt das Magnesiumhydroxyd nur eine geringe Hydroxylionenkonzentration.

a) *Ammoniumkarbonatlösung* erzeugt zunächst keine Fällung; erst beim längeren Stehen oder beim Erhitzen zum Sieden tritt, abhängig von der Konzentration der Lösung und der Temperatur derselben, allmählich eine solche ein. Bei Gegenwart von Ammonsalzen findet auch im letzteren Falle keine Ausscheidung eines Niederschlages statt (vgl.d).

b) *Kalium-, Natrium-* und *Bariumhydroxyd* scheiden bei Abwesenheit von Ammonsalzen fast quantitativ weißes *Magnesiumhydroxyd* aus.

$$Mg^{\cdot\cdot} + 2\,(OH)' = Mg(OH)_2.$$

c) *Kalium-* und *Natriumkarbonat* scheiden weißes *Basisch-Magnesiumkarbonat* ab[a], das sich auf Zusatz von Ammoniumchlorid[b] wieder löst. Die Anwesenheit von Ammonsalzen verhindert die Fällung.

a) $4MgSO_4 + 4Na_2CO_3 + xH_2O = [3MgCO_3 + Mg(OH)_2 + xH_2O]$
$+ 4Na_2SO_4 + CO_2.$

b) $[3MgCO_3 + Mg(OH)_2 + xH_2O] + 8NH_4Cl \rightleftarrows 4MgCl_2 + 3(NH_4)_2CO_3$
$+ 2NH_4OH + xH_2O.$

d) *Ammoniak* scheidet aus neutralen Magnesiumsalzlösungen nur einen Teil des Magnesiums als *Magnesiumhydroxyd*: $Mg(OH)_2$, ab, während ein anderer Teil desselben in Lösung bleibt (s. S. 8). Bei *Gegenwart von Ammoniumsalzen* ruft Ammoniak in der Lösung der Magnesiumsalze keine Fällung hervor (s. auch c).

* e) *Natriumphosphat* erzeugt ohne Ammoniakzusatz nur in konzentrierten Magnesiumsalzlösungen einen Niederschlag von *Magnesiumphosphat*: $MgHPO_4 + 7H_2O$[a]. Setzt man der Magnesiumsalzlösung jedoch zunächst Ammoniumchloridlösung (um die Abscheidung von Magnesiumhydroxyd durch Ammoniak zu verhüten) und dann Ammoniak zu, so bewirkt Natriumphosphat auch in sehr verdünnten Lösungen (in letzterem Falle erst nach einiger Zeit) einen Niederschlag mit charakteristischer Kristallform (unter dem Mikroskop meist Sternchen, seltener Sargdeckelformen) von *Ammonium-Magnesiumphosphat*: $Mg(NH_4)PO_4 + 6H_2O$[b].

a) $Mg^{\cdot\cdot} + HPO_4'' = MgHPO_4.$
b) $Mg^{\cdot\cdot} + NH_4^{\cdot} + OH' + HPO_4'' + 5H_2O = Mg(NH_4)PO_4 + 6H_2O.$

f) *Ammoniumoxalat* ruft nur in konzentrierten Lösungen der Magnesiumsalze einen Niederschlag von *Magnesiumoxalat*: $C_2O_4Mg + 2H_2O$, hervor. Meist tritt diese Fällung erst nach längerem Stehen ein; Ammonsalze verzögern oder verhindern sie bisweilen ganz.

* g) *Diphenylkarbazid*[1] (1—2proz. Lösung in Methanol) erzeugt in Magnesiumsalzlösungen nach dem Alkalisieren mit Natronlauge eine rosa bis rotviolette Fällung, die auch nach dem Auswaschen mit Wasser sichtbar bleibt.

* h) *p-Nitrobenzol-azo-α-naphtol*[2] in alkalischer Lösung gibt selbst mit sehr verdünnten Magnesiumsalzlösungen eine rein blaue Fällung bzw. Färbung, während die Reagenslösung eine violette Farbe besitzt. Die Farbänderung beruht auf einer Adsorption des Farbstoffs durch ausgefälltes Magnesiumhydroxyd.

---

[1] FEIGL: Z. anal. Chem. **72**, 113 (1927).
[2] 0,01 g des Farbstoffes werden in 100 ccm etwa 8proz. Natronlauge gelöst.

D. Metalle der Ammoniumsulfidgruppe.

(Al. Cr. Co. Ni. Fe. Zn. Mn.)

Von den Metallen dieser Gruppe bilden in der wäßrigen Lösung ihrer beständigen Verbindungen Co, Ni, Zn und Mn besonders *zweiwertige* Ionen: $Co^{..}$, $Ni^{..}$, $Zn^{..}$, $Mn^{..}$; Fe *zwei-* und *dreiwertige* Ionen: $Fe^{..}$ und $Fe^{...}$; Al und Cr *dreiwertige* Ionen: $Al^{...}$, $Cr^{...}$. Von diesen Metallen werden die Ionen $Co^{..}$, $Ni^{..}$, $Fe^{..}$, $Zn^{..}$ und $Mn^{..}$ durch S''-Ionen in starker Konzentration (Ammoniumsulfid, s. S. 9) in wasserunlösliche Sulfide übergeführt. Letztere lösen sich mit Ausnahme des Kobalt- und Nickelsulfids jedoch in Säuren auf, da durch die $H^{.}$-Ionen derselben die Konzentration der S''-Ionen stark vermindert wird. Die Ionen $Al^{...}$ und $Cr^{...}$, deren Verbindungen durch Wasser stark hydrolytisch gespalten werden, werden durch Ammoniumsulfid nur als Hydroxyde abgeschieden. Co und Mn bilden auch dreiwertige Ionen. Ferner tritt das Mangan in den Permanganaten siebenwertig, das Chrom in den Chromaten sechswertig auf. Durch Schwefelwasserstoff und Ammonsulfid werden jedoch diese höheren Oxydationsstufen unter Abscheidung von Schwefel zu den niederen reduziert.

1. Aluminiumverbindungen[1].

a) *Kalium-* und *Natriumhydroxyd* erzeugen bei vorsichtigem Zusatz einen weißen, gallertartigen Niederschlag von *Aluminiumhydroxyd*: $Al(OH)_3$[a)][2], der sich in einem Überschusse des Fällungsmittels als *Kalium-* bzw. *Natriumaluminat* wieder löst[b)]. Aus letzterer Lösung wird das Aluminiumhydroxyd durch Zusatz von Ammonchlorid[c)], oder, nach der Neutralisation mit Salzsäure, durch Zusatz von Ammoniumkarbonatlösung wieder abgeschieden. Durch Kochen werden die Aluminate nicht zersetzt.

$$a)\ Al_2(SO_4)_3 + 6\,NaOH = 2\,Al(OH)_3 + 3\,Na_2SO_4.$$
$$b)\ Al(OH)_3 + NaOH = AlO(ONa) + 2\,H_2O,$$
$$e)\ AlO(ONa) + NH_4Cl + H_2O = Al(OH)_3 + NaCl + NH_3.$$

* b) *Ammoniumsulfid, Ammoniak-* und *Ammoniumkarbonatlösung* scheiden ebenfalls gallertartiges *Aluminiumhydroxyd*: $Al(OH)_3$, ab, das sich in einem Überschusse der Fällungsmittel wenig oder gar nicht löst. Setzt man einige Tropfen Kongorotlösung hinzu, so färbt sich das Aluminiumhydroxyd rot und bleibt beim Filtrieren als roter Anflug auf dem Filter. Das frisch gefällte Aluminiumhydroxyd löst sich leicht in Essigsäure, durch längeres Kochen oder Stehenlassen gealtertes Hydroxyd bedeutend schwerer,

$$2\,AlCl_3 + 3(NH_4)_2CO_3 + 3\,H_2O = 2\,Al(OH)_3 + 6\,NH_4Cl + 3\,CO_2.$$
$$2\,AlCl_3 + 3(NH_4)_2S + 6\,H_2O = 2\,Al(OH)_3 + 6\,NH_4Cl + 3\,H_2S.$$

c) *Kalium-* und *Natriumkarbonat* fällen ebenfalls weißes, gallertartiges, durch basisches Aluminiumsalz verunreinigtes *Aluminium-*

---

[1] Bei Gegenwart von *Weinsäure* werden die Aluminiumsalze, infolge Bildung komplexer, Aluminium enthaltender Ionen, durch die unter a), b), c) und d) angegebenen Reagenzien *nicht* gefällt.

[2] Verunreinigt durch basisches Aluminiumsalz.

hydroxyd: Al(OH)$_3$; letzteres ist nur in einem großen Überschusse der konz. Lösungen dieser Fällungsmittel teilweise löslich.

$$2\,AlCl_3 + 3\,Na_2CO_3 + 3\,H_2O = 2\,Al(OH)_3 + 6\,NaCl + 3\,CO_2.$$

d) *Natriumphosphat* scheidet weißes, gallertartiges *Aluminiumphosphat*: AlPO$_4$ ab[a]), das in Kali- und Natronlauge[b]) löslich ist. Ammoniumchlorid scheidet aus der Lösung in Kali- oder Natronlauge wieder Aluminiumphosphat aus[c]).

a) $Al^{\cdots} + HPO_4'' \rightleftarrows AlPO_4 + H^{\cdot}$.
b) $AlPO_4 + 6\,NaOH = Al(ONa)_3 + Na_3PO_4 + 3\,H_2O$.
c) $Al(ONa)_3 + Na_3PO_4 + 6\,NH_4Cl = AlPO_4 + 6\,NaCl + 6\,NH_3 + 3\,H_2O$.

e) *Natriumacetat* bewirkt in der Kälte keine Fällung; beim Kochen bildet sich ein Niederschlag von basischem *Aluminiumacetat*. Beim Erkalten löst sich der Niederschlag ganz oder teilweise wieder auf.

f) *Alizarinsulfosaures Natrium*[1] scheidet aus neutraler oder essigsaurer Lösung selbst in starker Verdünnung einen voluminösen purpurroten Niederschlag ab (Unterschied von Kieselsäure).

* g) Essigsaure Aluminiumlösungen mit 1—2 Tropfen Morinlösung (gesättigte Lösung von Morin in Methylalkohol) versetzt geben eine grüne Fluoreszenz, die bei Tageslicht gut sichtbar, außerordentlich deutlich aber im filtrierten Ultraviolettlicht ist.

* h) Glüht man ein Aluminiumsalz vor dem Lötrohre auf der Kohle, befeuchtet hierauf die dabei entstehende, weiße, unschmelzbare Masse mit verdünnter Kobaltnitratlösung, und glüht sie dann abermals, so nimmt der Rückstand eine schön blaue Farbe an (*Thénards Blau*).

2. Chrom-3-(Chromi-, Chromoxyd-)Verbindungen[2].

a) *Kalium-* oder *Natriumhydroxyd* scheiden bei vorsichtigem Zusatz blau- oder graugrünes *Chromhydroxyd*: Cr(OH)$_3$ ab[a]), das sich in einem Überschusse des Fällungsmittels mit grüner Farbe löst[b]), durch längeres Kochen der zuvor mit Wasser verdünnten Lösung aber wieder ausgeschieden[c]) wird (*Unterschied vom Aluminium*).

a) $Cr^{\cdots} + 3\,OH' = Cr(OH)_3$.
b) $Cr(OH)_3 + NaOH = Cr(OH)_2ONa + H_2O$.
c) $Cr(OH)_2ONa + H_2O = Cr(OH)_3 + NaOH$.

b) *Ammoniak* fällt blau- oder graugrünes *Chromhydroxyd*: Cr(OH)$_3$, das sich in einem Überschusse des Fällungsmittels, namentlich bei Gegenwart von Ammonsalzen, zum Teil mit rotvioletter Farbe auflöst.

---

[1] 100,0 Ammoniumnitrat löst man in wenig Wasser, ebenso 4,0 Alizarinsulfosaures Natrium, vereinigt die unfiltrierten Lösungen, füllt auf 350 ccm auf und versetzt mit 50 ccm Eisessig. Unter beständigem *kräftigem* Umschwenken tropft man dann 50 ccm 2 n-Ammoniak ein, füllt auf 500 ccm auf und filtriert nach mindestens 24stündigem Stehen.

[2] Über die Reaktionen der Chromsäure (Chromationen) s. S. 58.

Aus letzterer Lösung wird das Chromhydroxyd bei längerem Kochen allmählich wieder abgeschieden.

$$CrCl_3 + 3NH_4 \cdot OH = Cr(OH)_3 + 3NH_4Cl.$$

c) *Kalium-* und *Natriumkarbonat* erzeugen einen grünen, bald bläulich werdenden Niederschlag von *Chromhydroxyd*: $Cr(OH)_3$, der in einem Überschusse des Fällungsmittels nur teilweise löslich ist, sich beim Kochen der grünen Lösung aber wieder abscheidet.

$$Cr_2(SO_4)_3 + 3Na_2CO_3 + 3H_2O = 2Cr(OH)_3 + 3Na_2SO_4 + 3CO_2.$$

d) *Ammoniumsulfid* scheidet *Chromhydroxyd*: $Cr(OH)_3$, ab.

$$Cr_2(SO_4)_3 + 3(NH_4)_2S + 6H_2O = 2Cr(OH)_3 + 3(NH_4)_2SO_4 + 3H_2S.$$

e) *Natriumacetatlösung* bewirkt keine Fällung, auch nicht beim Kochen. Bei Gegenwart von Aluminium- oder Eisensalzen werden dagegen Chromiverbindungen durch Natriumacetat als basische Salze mitgefällt.

* f) Oxydationsmittel in alkalischer Lösung, wie *Wasserstoffsuperoxyd* oder *Bromwasser*, führen beim Erwärmen die Chromiverbindungen in Chromate über. Die violette oder grüne Farbe der Lösung geht dabei in Gelb über. Über den Nachweis der Chromate s. S. 58.

$$2Cr(OH)_3 + 4NaOH + 3H_2O_2 = 2Na_2CrO_4 + 8H_2O.$$
$$2Cr(OH)_3 + 3Br_2 + 10NaOH = 2Na_2CrO_4 + 6NaBr + 8H_2O.$$

* g) Schmilzt man eine Chromverbindung auf dem Platinbleche oder in einem Porzellantiegel mit der 3—4fachen Menge eines Gemisches aus 1 Teil wasserfreien *Natriumkarbonats* und 2 Teilen *Kaliumnitrat* oder besser *Kaliumperchlorat*, so resultiert eine gelbe, Alkalichromat enthaltende Schmelze, die nach dem Ausziehen mit Wasser und Filtrieren eine gelbgefärbte Lösung liefert; sie zeigt nach dem Ansäuern mit Essigsäure die unter Chromsäure (s. S. 58) angegebenen Reaktionen.

$$Cr_2(SO_4)_3 + 5Na_2CO_3 + 3KNO_3 = 2Na_2CrO_4 + 3Na_2SO_4 + 3KNO_2 + 5CO_2.$$

* h) Die *Phosphorsalzperle* wird durch Chromverbindungen in der oxydierenden und in der reduzierenden Flamme grün gefärbt.

i) Die *Boraxperle* zeigt in der reduzierenden Flamme eine grüne, in der oxydierenden Flamme eine gelbe Farbe.

3. Kobaltsalze.

a) *Schwefelwasserstoff* scheidet aus *neutralen* Kobaltsalzlösungen nur einen Teil des Kobalts als schwarzes *Kobaltsulfid*: CoS, ab: bei Gegenwart freier Mineralsäuren tritt keine Fällung ein; bei Gegenwart einer ausreichenden Menge *Natriumacetat*, namentlich beim Erwärmen der Flüssigkeit, findet dagegen vollständige Ausfällung als Kobaltsulfid statt.

$$Co(NO_3)_2 + H_2S \rightleftarrows CoS + 2HNO_3.$$
$$Co(NO_3)_2 + 2C_2H_3NaO_2 + H_2S = CoS + 2NaNO_3 + 2C_2H_4O_2.$$

b) *Ammoniumsulfid* fällt schwarzes *Kobaltsufid*: CoS, das in kalter *verdünnter* Salzsäure (von 5 vH) fast unlöslich ist, von konzentrierter Salzsäure, namentlich beim Erwärmen, oder von Königswasser aber zu Kobaltchlorid: $CoCl_2$, gelöst wird.

$$Co^{..} + S'' = CoS.$$
$$3CoS + 6HCl + 2HNO_3 = 3CoCl_2 + 3S + 2NO + 4H_2O.$$

c) *Kalium-* und *Natriumhydroxyd* fällen aus Kobaltosalzlösungen in der Kälte blaue basische Salze, die sich bei längerem Stehen zunächst in schmutzig olivengrünes *Kobaltokobaltioxyd*: $Co_3O_4 + xH_2O$, und schließlich in braunes *Kobaltihydroxyd*: $Co(OH)_3$ verwandelm. Beim Kochen der Mischung scheidet sich ein braungefärbter Niederschlag (Gemisch von *Kobalto-* und *Kobaltihydroxyd*) aus.

d) *Ammoniak* ruft in neutralen, ammonsalzfreien Kobaltosalzlösungen die gleichen Fällungen wie Kalium- und Natriumhydroxyd hervor; diese lösen sich jedoch in einem Überschusse des Fällungsmittels zu einer grünlichen, an der Luft durch Oxydation sich bräunenden, komplexe Kobalti-Ammoniakionen (Kobaltiake) enthaltenden Flüssigkeit: $[Co(NH_3)_6](OH)_3$, fast vollständig wieder auf. In saurer oder Ammonsalz enthaltender Lösung bewirkt Ammoniak keinen Niederschlag, sondern nur eine rote, bald braun werdende Färbung.

* e) *Kaliumnitrit* im Überschusse erzeugt in der Lösung eines *neutralen* Kobaltosalzes nach Zusatz von Essigsäure, bei genügender Konzentration sofort, in verdünnten Lösungen nach längerem Stehen, einen gelben, körnig-kristallinischen Niederschlag von *Kaliumhexanitritokobaltiat*: $K_3[Co(NO_2)_6]$. Da freie Mineralsäuren die Abscheidung des Niederschlages verhindern, so sind diese vor dem Essigsäurezusatz durch Neutralisation mit Kalilauge oder Kaliumkarbonat oder durch Zusatz von Kaliumacetat zu binden.

$$Co^{..} + N_2O_3 = Co^{...} + NO_2' + NO.$$
$$Co^{...} + 3K^{.} + 6NO_2' = K_3[Co(NO_2)_6].$$

In der *Phosphorsalzperle* (s. i) ruft eine Probe des Kaliumhexanitritokobaltiats eine intensive Blaufärbung hervor.

f) *Natriumhypochloritlösung* scheidet aus neutralen Kobaltsalzlösungen braunschwarzes *Kobaltihydroxyd*: $Co(OH)_3$, ab; die gleiche Abscheidung bewirken *Natronlauge* und *Bromwasser*.

g) *Kaliumcyanid* fällt bräunlich-weißes *Kobaltocyanid*: $Co(CN)_2$, das sich in einem Überschusse des Fällungsmittels zu *Kaliumkobaltocyanid*: $K_4[Co(CN)_6]$ löst. Säuren scheiden aus letzterer Lösung $Co(CN)_2$ wieder ab. Kocht man jedoch diese Lösung in überschüssigem Kaliumcyanid mit einigen Tropfen Wasserstoffsuperoxyd, so bildet sich *Kaliumkobalticyanid*: $K_3[Co(CN)_6]$ mit dem stark komplexen Anion $[Co(CN)_6]'''$, in dessen Lösung Säuren, sowie Natronlauge und Bromwasser keine Fällung mehr bewirken (*Unterschied vom Nickel*). Gelbes *Ammonsulfid* ruft in obiger Lösung des *Kaliumkobaltocyanid* eine blutrote Färbung hervor (*Unterschied vom Nickel*).

* h) *Ammoniumrhodanid* in Substanz einer Kobaltsalzlösung hinzugesetzt, ruft beim Schütteln mit einem Gemisch gleicher Teile Amyl-

alkohol und Äther eine dunkelblaue Färbung der Ätherschicht hervor. Bei gleichzeitiger Anwesenheit von Ferrisalzen wird die blaue Farbe durch das rote Ferrirhodanid überdeckt. In diesem Fall versetze man das Gemisch tropfenweise mit Natriumkarbonatlösung unter Umschütteln bis die rote Farbe verschwunden ist und die reine blaue Kobaltfarbe sichtbar wird.

* i) Die *Phosphorsalzperle* und die *Boraxperle* werden durch Kobaltverbindungen sowohl in der oxydierenden wie auch in der reduzierenden Flamme intensiv blau gefärbt.

k) Aluminiumsalze geben nach dem Befeuchten mit verdünnter Kobaltsalzlösung beim Glühen auf der Kohle eine blaue Färbung (THÉNARDS Blau):

4. Nickelverbindungen.

a) *Schwefelwasserstoff* verhält sich gegen die Nickelsalze ebenso wie gegen die Kobaltverbindungen.

b) *Ammoniumsulfid* fällt schwarzes *Nickelsulfid*: NiS, das in kalter, *verdünnter* Salzsäure (von 5 vH) fast unlöslich ist, sich dagegen in überschüssigem gelbem Ammoniumsulfid in kleiner Menge mit brauner Farbe kolloidal löst. Die braune Lösung zersetzt sich beim Kochen, besonders nach Zusatz von etwas Essigsäure, unter Abscheidung des gelösten Nickelsulfids.

$$Ni^{..} + S'' = NiS.$$

c) *Kalium-* oder *Natriumhydroxyd* scheiden apfelgrünes *Nickelohydroxyd*: $Ni(OH)_2$, ab, unlöslich in überschüssigem Alkali, löslich in Ammonchloridlösung unter Bildung von Nickelammoniakaten.

$$Ni^{..} + 2OH' = Ni(OH)_2.$$

d) *Ammoniak* bewirkt in neutralen, von Ammonsalzen freien Lösungen nur eine unvollkommene apfelgrüne Fällung von *Nickelohydroxyd*: $Ni(OH)_2$, das in überschüssigem Ammoniak mit blauer Farbe unter Bildung von Komplexionen: $[Ni(NH_3)_6]^{..}$, löslich ist. In sauren oder Ammonsalz enthaltenden Lösungen entsteht durch Ammoniak kein Niederschlag (Bildung komplexer Nickel-Ammoniakionen: $[Ni(NH_3)_4]^{..}$, bzw. $[Ni(NH_3)_6]^{..}$).

e) *Kalium-* oder *Natriumkarbonat* scheiden apfelgrünes *Basisch-Nickelkarbonat* ab, das im Überschusse des Fällungsmittels nicht löslich ist.

f) *Ammoniumkarbonat* scheidet zunächst apfelgrünes *Basisch-Nickelkarbonat* ab, das sich in einem Überschusse des Fällungsmittels mit grünlich-blauer Farbe unter Komplexbildung löst.

g) *Kaliumnitrit* fällt Nickelsalze unter den unter Kobalt (e) angegebenen Bedingungen *nicht*. Nur in sehr konzentrierten Nickelsalzlösungen entsteht ein braunroter, auf Zusatz von Wasser sich wieder lösender Niederschlag.

h) *Natriumhypochloritlösung* scheidet aus neutralen Nickelsalzlösungen zunächst einen graublauen Niederschlag ab, der allmählich in schwarzes *Nickelihydroxyd*, $Ni(OH)_3$, übergeht. *Natronlauge* und *Bromwasser* scheiden direkt schwarzes *Nickelihydroxyd* $Ni(OH)_3$, aus.

* i) *Kaliumcyanid* scheidet grünliches *Nickelocyanid*: $Ni(CN)_2$, ab, das sich in einem Überschusse des Fällungsmittels zu einer bräunlichgelben, $K_2[Ni(CN)_4]$, bzw. die Anionen $[Ni(CN)_4]''$, enthaltenden Flüssigkeit löst. Säuren scheiden aus dieser Lösung, auch nach dem Kochen, wiederum $Ni(CN)_2$ aus. Wird die alkalisch gemachte Lösung mit bromhaltiger Natronlauge unterschichtet, so scheidet sich alles Nickel *allmählich* als schwarzes Nickelihydroxyd: $Ni(OH)_3$, aus (*Unterschied vom Kobalt*).

* k) *Dimethylglyoxim* erzeugt, in 1proz. alkoholischer Lösung im Überschuß angewendet, in *neutraler* oder ammoniakalischer Nickelsalzlösung, einen scharlachroten Niederschlag von *Dimethylglyoximnickel*: $C_4H_6N_2O_2Ni + C_4H_8N_2O_2$.

Bei *Gegenwart von Kobalt* ist die Nickellösung zunächst stark ammoniakalisch zu machen, mit Ammonchloridlösung und einigen Tropfen Wasserstoffsuperoxyd zu versetzen und zu erwärmen (zur Bildung komplexer Kobaltiake) und dann, wie oben angegeben, mit Dimethylglyoxim zu prüfen.

l) Die *Phosphorsalzperle* färbt sich durch Nickelsalze in der oxydierenden und in der reduzierenden Flamme rötlich, eine Färbung, die beim Erkalten blasser wird, bisweilen sogar ganz verschwindet.

m) Die *Boraxperle* erscheint in der oxydierenden Flamme ebenso wie die Phosphorsalzperle gefärbt; in der reduzierenden Flamme nimmt sie infolge einer Ausscheidung von metallischem Nickel eine graue Färbung an. Ein Zusatz von etwas Zinnfolie begünstigt diese Reduktion.

5. Eisenverbindungen.

Das Eisen vermag in den Lösungen seiner Salze zweiwertige Ionen Fe'', *Ferroionen*, und dreiwertige Ionen Fe''', *Ferriionen*, zu bilden. Außerdem liefert das Eisen noch komplexe Anionen, wie $[Fe(CN)_6]''''$, *Ferrocyan*, und $[Fe(CN)_6]'''$, *Ferricyan*, in denen es durch die gewöhnlichen Eisenreagenzien nicht direkt nachweisbar ist.

Die *Ferroionen* Fe'' haben Ähnlichkeit mit den Magnesiumionen Mg'' und sind im *reinen Zustande* fast farblos. Die grünliche Färbung der Ferrosalzlösungen scheint durch die Gegenwart einer Spur Ferriionen veranlaßt zu sein. Die *Ferriionen* Fe''', die Ähnlichkeit mit den Aluminiumionen Al''' zeigen, sind im *reinen Zustande* ebenfalls fast farblos. Die gelbbraune Farbe der meisten Ferrisalzlösungen rührt zum großen Teil von dem unter dem Einfluß des Wassers hydrolytisch abgespaltenen und kolloid gelösten Eisenhydroxyd her.

Ferroionen gehen unter dem Einfluß von Oxydationsmitteln, durch Vermehrung der positiven Ionenladung, in Ferriionen über; umgekehrt werden Ferriionen durch Reduktionsmittel, infolge Verminderung der positiven Ionenladungen, in Ferroionen verwandelt.

α) Eisen-2-(Ferro-, Eisenoxydul-)Verbindungen.

a) *Schwefelwasserstoff* verursacht in sauren Lösungen der Ferrosalze keine Fällung; nur Ferrosalze schwacher Säuren, wie z. B. der

Essigsäure, werden teilweise in Gestalt von schwarzem *Ferrosulfid*: FeS, gefällt.

$$Fe(C_2H_3O_2)_2 + H_2S \rightleftarrows FeS + 2C_2H_4O_2.$$

b) *Ammoniumsulfid* fällt schwarzes, in Ammoniumsulfid unlösliches, in Salzsäure leicht lösliches *Ferrosulfid*: FeS. Sehr verdünnte Lösungen geben hierbei häufig nur eine dunkelgrüne Färbung.

$$FeSO_4 + (NH_4)_2S = FeS + (NH_4)_2SO_4.$$

c) *Kalium-* und *Natriumhydroxyd*, sowie auch *Ammoniak* bei Abwesenheit von Ammoniumsalzen scheiden *aus reinen ferrisalzfreien* Ferrosalzen weißes[a] *Ferrohydroxyd* ab, das schnell durch Oxydation schmutzig grün[b] wird, um schließlich durch weitere Oxydation in rotbraunes *Ferrihydroxyd*[c] überzugehen.

a) $Fe^{··} + 2OH' = Fe(OH)_2.$
b) $3Fe(OH)_2 + O + xH_2O = [Fe_3O_4 + xH_2O] + 3H_2O.$
c) $2Fe_3O_4 + 9H_2O + O = 6Fe(OH)_3.$

d) *Kalium-*, *Natrium-* und *Ammoniumkarbonat* fällen aus *ferrisalzfreien* Ferrosalzlösungen zunächst weißes *Ferrokarbonat*: FeCO$_3$, das sich an der Luft allmählich schmutzig grün ($Fe_3O_4 + xH_2O$) und endlich rotbraun $Fe(OH)_3$ färbt.

$$Fe^{··} + CO_3'' = FeCO_3.$$

e) *Kaliumferrocyanid* erzeugt in saurer *ferrisalzfreier* Lösung einen weißen, sich rasch blau färbenden Niederschlag.

$$FeSO_4 + K_4[Fe(CN)_6] = K_2Fe[Fe(CN)_6] + K_2SO_4.$$

* f) *Kaliumferricyanid* gibt einen tiefblauen, in Salzsäure unlöslichen Niederschlag von *Ferro-Ferri-Ferrocyanid* (*Turnbulls Blau*): $Fe_5(CN)_{12}$. In Kali- oder Natronlauge ist dieser Niederschlag löslich unter Abscheidung eines grünschwarzen Niederschlages von Ferri- und Ferrohydroxyd.

$$2K_3[Fe(CN)_6] + 3FeSO_4 = Fe^{II}K_6[Fe(CN)_6]_2 + Fe_2(SO_4)_3.$$
$$Fe^{II}K_6[Fe(CN)_6]_2 + Fe_2(SO_4)_3 = Fe^{II}Fe_2^{III}[Fe(CN)_6]_2 + 3K_2SO_4.$$

g) *Gerbsäure-* und *Kaliumrhodanidlösung* verändern die Lösungen der *ferrisalzfreien* Ferrosalze *nicht*.

h) *Kaliumpermanganat* wird durch Ferrosalze entfärbt.

$$10Fe^{··} + 16H^· + 2MnO_4' = 10Fe^{···} + 2Mn^{··} + 8H_2O.$$

i) Die *Phosphorsalzperle* färbt sich in der oxydierenden Flamme gelblichrot bis dunkelrot; beim Erkalten verliert sich diese Färbung zum großen Teil. In der reduzierenden Flamme wird die Perle grünlich oder farblos.

β) Eisen-3-(Ferri-, Eisenoxyd-)Verbindungen.

a) *Schwefelwasserstoff* reduziert die Ferrisalze unter Abscheidung von Schwefel zu Ferrosalzen; die gelbe oder braunrote Farbe der Lösung geht dabei in eine grünliche über.

$$2\,\mathrm{Fe}^{\cdots} + \mathrm{S}'' = 2\,\mathrm{Fe}^{\cdot\cdot} + \mathrm{S}.$$

b) *Ammoniumsulfid* fällt schwarzes, schwefelhaltiges *Eisensulfid*: FeS.

$$2\,\mathrm{Fe}^{\cdots} + 3\,\mathrm{S}'' = 2\,\mathrm{FeS} + \mathrm{S}.$$

c) *Kalium-* und *Natriumhydroxyd*, sowie *Ammoniak* und *Kalium-*, *Natrium-* und *Ammoniumkarbonat* scheiden rotbraunes Eisenhydroxyd: Fe(OH)$_3$, ab.

$$\mathrm{Fe}^{\cdots} + 3\,\mathrm{OH}' = \mathrm{Fe(OH)_3}.$$
$$2\,\mathrm{Fe}^{\cdots} + 3\,\mathrm{CO}_3'' + 3\,\mathrm{H_2O} = 2\,\mathrm{Fe(OH)_3} + 3\,\mathrm{CO_2}.$$

* d) *Kaliumferrocyanid* fällt in Salzsäure unlösliches, in Kali- oder Natronlauge, unter Abscheidung von Eisenhydroxyd, lösliches *Berlinerblau*: Fe$_7$(CN)$_{18}$; *Kaliumferricyanid* ruft nur eine braunrote Färbung hervor.

$$4\,\mathrm{FeCl_3} + 3\,\mathrm{K_4[Fe(CN)_6]} = \mathrm{Fe_4^{III}[Fe(CN)_6]_3} + 12\,\mathrm{KCl}$$
$$\mathrm{Fe_4[Fe(CN)_6]_3} + 12\,\mathrm{NaOH} = 3\,\mathrm{Na_4[Fe(CN)_6]} + 4\,\mathrm{Fe(OH)_3}.$$

* e) *Gerbsäurelösung* verursacht eine blauschwarze, *Kaliumrhodanid* eine blutrote, beim Schütteln mit Äther in letzteren übergehende Färbung (nicht dissoziiertes *Eisenrhodanid*: Fe(CNS)$_3$, bzw. eine Doppelverbindung desselben: [Fe(CNS)$_3$ + 9 KCNS + 4 H$_2$O]).

$$\mathrm{FeCl_3} + 3\,\mathrm{KCNS} = \mathrm{Fe(CNS)_3} + 3\,\mathrm{KCl}.$$

f) *Natriumacetat* gibt in der Kälte Rotfärbung; beim Kochen scheidet sich unter Entfärbung der Lösung ein brauner Niederschlag aus, der sich beim Erkalten zum Teil wieder lösen kann: Sehr komplexe Verbindungen.

g) *Kaliumpermanganat* wird durch Ferrisalze *nicht* entfärbt.

h) Die *Phosphorsalzperle* verhält sich wie bei den Ferrosalzen.

6. Zinkverbindungen.

* a) *Schwefelwasserstoff* fällt die Lösungen der *neutralen* Zinksalze nur unvollständig; ist die Lösung zuvor mit einer genügenden Menge von Salzsäure versetzt, so tritt überhaupt keine Fällung ein. Schwefelwasserstoff fällt die Zinksalze nur dann vollständig in Gestalt von weißem Zinksulfid aus, wenn die Säure, an die das Zink gebunden ist, eine schwache ist (z. B. Essigsäure), oder wenn die betreffende Lösung mit einer genügenden Menge Natriumacetat versetzt war.

$$\mathrm{Zn}^{\cdot\cdot} + \mathrm{H_2S} \rightleftarrows \mathrm{ZnS} + 2\,\mathrm{H}.$$

b) *Ammoniumsulfid* fällt weißes *Zinksulfid*: ZnS, das unlöslich in ätzenden Alkalien, leicht löslich in Mineralsäuren ist.

$$\mathrm{Zn}^{\cdot\cdot} + \mathrm{S}'' = \mathrm{ZnS}.$$

c) *Kalium-* und *Natriumhydroxyd* scheiden weißes *Zinkhydroxyd*: $Zn(OH)_2$, ab, das sich in einem Überschusse des Fällungsmittels wieder auflöst.

$$Zn^{\cdot\cdot} + 2\,OH' = Zn(OH)_2.$$
$$Zn(OH)_2 + 2\,OH' = ZnO_2'' + 2\,H_2O.$$

d) *Ammoniak* scheidet aus neutraler, von Ammonsalzen freier Lösung *Zinkhydroxyd*: $Zn(OH)_2$, ab, das in einem Überschuß des Fällungsmittels, unter Bildung von Komplexionen: $[Zn(NH_3)_4]^{\cdot\cdot}$, löslich ist. Enthält die Zinksalzlösung freie Säure oder Ammonsalze, so entsteht durch Ammoniak, infolge direkter Bildung von Komplexsalzen, überhaupt kein Niederschlag.

$$ZnSO_4 + 2\,NH_4 \cdot OH = Zn(OH)_2 + (NH_4)_2SO_4$$
$$Zn(OH)_2 + 4\,NH_3 = [Zn(NH_3)_4](OH)_2$$
$$Zn(OH)_2 + 2\,NH_4Cl + 2\,NH_3 = [Zn(NH_3)_4]Cl_2 + 2\,H_2O.$$

e) *Kalium-* und *Natriumkarbonat* fällt ebenfalls *Basisch-Zinkkarbonat*, das in einem Überschusse der Fällungsmittel unlöslich ist.

f) *Ammoniumkarbonat* fällt ebenfalls *Basisch-Zinkkarbonat*; es wird jedoch von einem Überschusse des Fällungsmittels, namentlich unter Zusatz von Ammoniak, als *Zinkammoniakat*, wieder gelöst.

* g) *Kaliumferrocyanid* scheidet weißes, in Salzsäure unlösliches in Kalilauge unter Zinkatbildung lösliches *Zinkkaliumferrocyanid*: $Zn_3K_2[Fe(CN)_6]_2$, ab.

$$3\,ZnSO_4 + 2\,K_4Fe(CN)_6 = K_2Zn_3[Fe(CN)_6]_2 + 3\,K_2SO_4.$$

* h) Mit der 3—4fachen Menge wasserfreien *Natriumkarbonats* innig gemischt und alsdann auf *Kohle* in der reduzierenden Lötrohrflamme geglüht, liefern die Zinksalze einen weißen, in der Hitze gelben Beschlag von Zinkoxyd: ZnO. Dieser Beschlag verschwindet wieder, wenn er mit der reduzierenden Flamme angeblasen wird. Befeuchtet man ihn mit stark verdünnter Kobaltnitratlösung und glüht ihn alsdann nochmals, so färbt er sich grün: *Rinmanns Grün*. Diese Reaktion läßt sich auch mit gefälltem Zinksulfid ausführen, indem man nach Filtration den Zinksulfidniederschlag samt Filter mit *wenig* verdünnter Kobaltnitratlösung befeuchtet und vollkommen verascht.

7. Manganverbindungen.

An dieser Stelle werden nur die Manganoverbindungen besprochen. Die höherwertigen Manganverbindungen, insbesondere die Manganate (grün) und Permanganate (violett), verraten sich leicht durch ihre Farbe; sie gehen beim Kochen mit Salzsäure in Manganoverbindungen über.

a) *Schwefelwasserstoff* fällt die Lösungen der Mangansalze nicht; *Ammoniumsulfid* scheidet meist blaßrotes, in Salzsäure und in Essigsäure leicht lösliches *Mangansulfid*: MnS, ab.

$$Mn^{\cdot\cdot} + S'' = MnS.$$

Bei längerer Berührung mit dem Fällungsmittel geht der Niederschlag bisweilen in eine grüne Modifikation über. Bei Gegenwart von viel Ammoniak, bzw. von viel Ammoniumsalzen kann sich das Mangansulfid auch mit gelber oder mit schmutziggelber Farbe ausscheiden. An der Luft oxydiert sich das Mangansulfid leicht und nimmt infolgedessen eine braune Farbe an.

b) *Kalium-* und *Natriumhydroxyd* scheiden aus den Lösungen der Manganosalze weißes[a], in einem Überschusse der Fällungsmittel unlösliches, in Ammonchloridlösung lösliches *Manganohydroxyd*: $Mn(OH)_2$, ab. An der Luft nimmt letzterer Niederschlag allmählich eine braunrote Farbe an, indem er sich teilweise zu *Mangan-3-bzw. -4-Oxydhydraten*[b], die von Ammonchloridlösung nicht gelöst werden, oxydiert.

a) $Mn^{..} + 2OH' = Mn(OH)_2.$
b) $2Mn(OH)_2 + O = 2MnO(OH) + H_2O.$

c) *Ammoniak* scheidet aus neutralen, von Ammoniumsalzen freien Lösungen das Mangan nur teilweise als *Manganohydroxyd*: $Mn(OH)_2$, aus. Enthält die Manganlösung freie Säure oder Ammonsalze, so entsteht zunächst kein Niederschlag, da die Basizität des Ammoniaks durch Ammonsalze zu weit abgeschwächt ist (s. S. 8). Bei Luftzutritt färben sich jedoch die ammoniakalischen Manganlösungen unter Abscheidung von *Manganihydroxyd*: $MnO(OH)$ oder Hydraten des vierwertigen Mangans, allmählich braun. *Hydroxylaminchlorhydrat* verhindert diese Oxydation.

d) *Kalium-*, *Natrium-* und *Ammoniumkarbonat* fällen weißes, an der Luft sich wenig veränderndes *Mangankarbonat*: $MnCO_3$

$$Mn^{..} + CO_3'' = MnCO_3.$$

e) Oxydationsmittel, wie *Bromwasser* oder *Wasserstoffsuperoxyd* scheiden nach dem Versetzen mit Alkalihydroxyd oder Natriumacetat, namentlich beim Erwärmen, braunschwarzes *Mangandioxydhydrat*: $MnO(OH)_2$, aus.

$$Mn^{..} + 2Br + 3H_2O = MnO(OH)_2 + 2Br' + 4H.$$

* f) Versetzt man eine Messerspitze voll *Mennige* oder *Bleisuperoxyd* mit 2 ccm konz. Salpetersäure oder mit 10proz. Schwefelsäure, gibt eine Spur Manganosalz hinzu und kocht, so erscheint nach dem Verdünnen mit Wasser und Absetzen des Bleisuperoxyds die überstehende Flüssigkeit violettrot gefärbt von gebildetem Permanganat. Die Gegenwart von Chloriden kann die Reaktion stören.

$$2MnSO_4 + 5PbO_2 + 6HNO_3 = 2PbSO_4 + 3Pb(NO_3)_2 + 2H_2O + 2HMnO_4.$$

* g) *Manganatschmelze.* Mit der 3—4fachen Menge eines Gemisches aus 1 Teil wasserfreier *Soda* und 2 Teilen *Salpeter* verrieben und auf

dem Platinbleche geschmolzen, liefern die Manganverbindungen eine grüne, *Alkalimanganat* enthaltende Schmelze; letztere Färbung tritt namentlich nach dem Erkalten auf.

$$MnCl_2 + 2KNO_3 + 2Na_2CO_3 = Na_2MnO_4 + 2KNO_2 + 2NaCl + 2CO_2.$$

h) Eine am Platindrahte befindliche *Sodaperle* färbt sich durch Mangansalze beim *längeren* Erhitzen in der oxydierenden Flamme grün (nach dem Erkalten).

$$MnCl_2 + 2Na_2CO_3 + 2O = Na_2MnO_4 + 2NaCl + 2CO_2$$

i) Die *Phosphorsalzperle* und die *Boraxperle* werden durch Mangansalze in der oxydierenden Flamme amethystrot gefärbt; in der reduzierenden Flamme verschwindet die Färbung wieder.

E. Metalle der Schwefelwasserstoffgruppe.

(Hg. Ag. Cu. Pb. Bi. Cd. As. Sb. Sn. Pt. Au.)

Die Metalle dieser analytischen Gruppe bilden in den wäßrigen Lösungen ihrer Verbindungen Ionen, die sich sowohl in der Wertigkeit, als auch im chemischen Charakter wesentlich voneinander unterscheiden. Dagegen zeigen sie die gemeinschaftliche Eigenschaft, mit S''-Ionen sehr geringer Konzentration (H_2S in saurer Lösung, s. S. 9) Sulfide zu liefern, die in der Kälte oder bei mäßiger Wärme in verdünnten Mineralsäuren unlöslich sind. Nach dem Verhalten gegen Ammoniumsulfid lassen sich die dieser Gruppe angehörenden Metalle einteilen in solche, deren Sulfide in Ammoniumsulfid unlöslich sind: Hg, Ag, Cu, Pb, Bi und Cd, und in solche, deren Sulfide unter Bildung von komplexen Anionen (Sulfosalzen) löslich sind: As, Sb, Sn, sowie zum Teil auch Pt und Au.

1. Quecksilberverbindungen.

Das Quecksilber liefert zwei Reihen von Verbindungen: *Mercuri-* und *Mercuroverbindungen*. Die Mercuriverbindungen bilden in wäßriger Lösung zweiwertige Mercuriionen Hg'', die Mercuroverbindungen einwertige Mercuroionen Hg'. Die wasserlöslichen Mercuri- und Mercurosalze der Oxysäuren werden unter Bildung schwer löslicher basischer Verbindungen leicht hydrolytisch gespalten. Die vom zweiwertigen Quecksilber abgeleiteten Halogenide sind kaum echte Salze und neigen zur Bildung von Komplexsalzen, in denen das Quecksilber dem Anion angehört.

α) Quecksilber-2-(Mercuri-, Quecksilberoxyd-) Verbindungen.

a) *Schwefelwasserstoff* verursacht in geringer Menge zunächst einen weißen, aus einer Doppelverbindung des betreffenden Quecksilber-2-salzes mit Quecksilbersulfid bestehenden Niederschlag[a]. Bei weiterer Einwirkung von Schwefelwasserstoff wird dieser weiße Niederschlag allmählich gelb, braun und schließlich schwarz gefärbt, indem als Endprodukt schwarzes *Quecksilbersulfid*: HgS, entsteht[b]. Letzteres ist in Ammoniumsulfid, in Salzsäure und in 20 proz. Salpetersäure unlöslich;

Königswasser und Chlorwasser lösen es zu Quecksilberchlorid auf[c].

a) $3\,HgCl_2 + 2\,H_2S = (HgCl_2 + 2\,HgS) + 4\,HCl$.
b) $(HgCl_2 + 2\,HgS) + H_2S = 3\,HgS + 2\,HCl$.
c) $3\,HgS + 6\,HCl + 2\,HNO_3 = 3\,HgCl_2 + 2\,NO + 4\,H_2O + 3\,S$
$HgS + 2\,Cl = HgCl_2 + S$.

b) *Ammoniumsulfid* verhält sich wie Schwefelwasserstoff; Alkalisulfide lösen Quecksilbersulfid auf.

c) *Kalium-* und *Natriumhydroxyd* fällen gelbes *Quecksilberoxyd*: HgO.

$$Hg^{\cdot\cdot} + 2\,OH' = HgO + H_2O.$$

d) *Ammoniak* scheidet weiße, stickstoffhaltige Verbindungen ab, z. B.:

$$HgCl_2 + 2\,NH_3 = [NH_2 \cdot Hg \cdot Cl] + NH_4Cl.$$

e) *Ammoniumkarbonat* verhält sich ähnlich wie Ammoniak.

f) *Kalium-* und *Natriumkarbonat* fällen rotbraunes *Basisch-Mercurikarbonat*.

g) *Salzsäure* und *lösliche Chloride* fällen die Mercurisalze nicht.

h) *Kaliumjodid* erzeugt bei vorsichtigem Zusatz einen scharlachroten Niederschlag von *Quecksilberjodid*: HgJ_2, der in einem Überschusse des Fällungsmittels *farblos* löslich ist.

$$Hg^{\cdot\cdot} + 2\,J' = HgJ_2$$
$$HgJ_2 + J' = [HgJ_3]'.$$

* i) *Zinnchlorür* scheidet zunächst weißes *Quecksilberchlorür*: Hg_2Cl_2, aus, das sich durch Einwirkung eines Überschusses des Fällungsmittels, namentlich in der Wärme, grau färbt.

$$2\,Hg^{\cdot\cdot} + Sn^{\cdot\cdot} = 2\,Hg^{\cdot} + Sn^{\cdot\cdot\cdot\cdot}$$
$$2\,Hg^{\cdot} + Sn^{\cdot\cdot} = 2\,Hg + Sn^{\cdot\cdot\cdot\cdot}.$$

* k) Auf *Kupferblech* erzeugen die Quecksilber-2-salze bei Abwesenheit von Oxydationsmitteln einen grauweißen, beim Reiben silberweiß werdenden Fleck.

$$Hg^{\cdot\cdot} + Cu = Hg + Cu^{\cdot\cdot}.$$

l) *Diphenylkarbazid* in 2proz. alkoholischer Lösung gibt mit Quecksilber-2-salzen in neutraler Lösung eine blauviolette Farbe; bei größeren Mengen einen blauen Niederschlag. (Sehr empfindlich.)

m) Mit der 3—4fachen Menge trockenen *Natriumkarbonats* gemischt und in einem Glasröhrchen erhitzt, bildet sich ein Sublimat von metallischem Quecksilber.

$$HgCl_2 + Na_2CO_3 = 2\,NaCl + Hg + CO_2 + O.$$

n) Bei stärkerem Erhitzen im Glühröhrchen oder auf dem Platinblech verflüchtigen sich die Mercuriverbindungen vollständig.

β) Quecksilber-1-(Mercuro-, Quecksilberoxydul-) Verbindungen.

a) *Schwefelwasserstoff* und *Ammoniumsulfid* fällen direkt ein schwarzes Gemenge von *Quecksilbersulfid* und *metallischem Quecksilber*. Durch Kochen mit starker Salpetersäure entsteht hieraus die weiße, unlösliche

Verbindung $2\,HgS + Hg(NO_3)_2$, während Mercurinitrat: $Hg(NO_3)_2$, in Lösung geht.

$$2\,Hg^{\cdot} + S'' = HgS + Hg.$$

b) *Kalium-* und *Natriumhydroxyd* scheiden schwarzes *Quecksilberoxydul*: Hg_2O, ab, das leicht in Quecksilber und Quecksilberoxyd zerfällt.

$$2\,Hg^{\cdot} + 2\,OH' = Hg_2O + H_2O.$$
$$Hg_2O = Hg + HgO.$$

c) *Ammoniak* und *Ammoniumkarbonat* verursachen schwarze Fällungen, die im wesentlichen aus Quecksilber und stickstoffhaltigen Quecksilberverbindungen bestehen (s. S. 15).

d) *Kalium-* und *Natriumkarbonat* erzeugen einen schmutzigweißen, durch einen Überschuß des Fällungsmittels, besonders beim Erwärmen, bald schwarz werdenden Niederschlag.

$$2\,Hg(NO_3) + K_2CO_3 = Hg_2CO_3 + 2\,KNO_3.$$
$$Hg_2CO_3 = HgO + Hg + CO_2.$$

* e) *Salzsäure* und *lösliche Chloride* scheiden weißes, pulveriges *Quecksilberchlorür*: Hg_2Cl_2, aus, unlöslich in kalter Salzsäure und Salpetersäure, löslich in Chlorwasser und in Königswasser.

$$2\,Hg^{\cdot} + 2\,Cl' = Hg_2Cl_2$$
$$Hg_2Cl_2 + Cl_2 = 2\,HgCl_2.$$

f) *Kaliumjodid* scheidet bei vorsichtigem Zusatz grünlichgelbes *Mercurojodid*: Hg_2J_2, aus, das sich in einem Überschusse des Fällungsmittels, unter Abscheidung von Quecksilber, *farblos* löst.

$$2\,Hg^{\cdot} + 2\,J' = Hg_2J_2.$$
$$Hg_2J_2 + J' = Hg + [HgJ_3]'.$$

g) Gegen *Zinnchlorür*, *Kupfer* und trockenes *Natriumkarbonat*, sowie beim Erhitzen im Glühröhrchen verhalten sich die Mercurosalze wie die Mercuriverbindungen.

2. Silberverbindungen.

Das Silber bildet in der wäßrigen Lösung seiner Verbindungen ausschließlich einwertige Ionen $Ag^{\cdot}$.

a) *Schwefelwasserstoff* und *Ammoniumsulfid* fällen schwarzes *Silbersulfid*: Ag_2S, unlöslich in der Kälte in verdünnten Säuren und in Ammoniumsulfid, löslich in kochender Salpetersäure.

$$2\,AgNO_3 + H_2S = Ag_2S + 2\,HNO_3.$$
$$3\,Ag_2S + 8\,HNO_3 = 6\,AgNO_3 + 2\,NO + 4\,H_2O + 3\,S.$$

b) *Kalium-* und *Natriumhydroxyd* scheiden braunschwarzes *Silberoxyd*: Ag_2O, ab.

$$2\,Ag^{\cdot} + 2\,OH' = Ag_2O + H_2O.$$

c) *Ammoniak* fällt in neutralen Lösungen, unter gleichzeitiger Bildung von löslichem *Silberammoniakat*: $[Ag(NH_3)_2]^{\cdot}$, zunächst braunes *Silberoxyd*: Ag_2O, das sich jedoch in einem Überschusse des Fällungsmittels, unter Bildung des-

selben komplexen Silberammoniakions, *farblos* löst. In sauren Lösungen entsteht keine Fällung.

$$2\,Ag^{\cdot} + 2\,OH' \rightleftharpoons 2\,AgOH \rightleftharpoons Ag_2O + H_2O.$$
$$AgOH + 2\,NH_3 = [Ag(NH_3)_2]OH.$$

d) *Kalium-* und *Natriumkarbonat* fällen hellgelbes *Silberkarbonat:* Ag_2CO_3,
Ammoniumkarbonat verhält sich ebenso, nur löst sich der Niederschlag in einem
Überschusse des Fällungsmittels unter Bildung von Komplexverbindungen.

$$2\,Ag^{\cdot} + CO_3'' = Ag_2CO_3.$$

* e) *Salzsäure* und *lösliche Chloride* scheiden weißes, käsiges, am Licht
violett werdendes *Silberchlorid* aus[a], das unlöslich in verdünnten Säuren,
löslich in Ammoniak[b], Ammoniumkarbonat-, Kalciumcyanid-[c] und
Natriumthiosulfatlösung[d] ist (in letzterer erst *nach sorgfältigem Auswaschen*). Aus der ammoniakalischen Lösung wird das Silberchlorid
durch Salpetersäure wieder ausgeschieden[e].

a) $Ag^{\cdot} + Cl' = AgCl.$
b) $AgCl + 2\,NH_3 = [Ag(NH_3)_2]Cl.$
c) $AgCl + 2\,KCN = K[Ag(CN)_2] + KCl.$
d) $AgCl + Na_2S_2O_3 = Na[AgS_2O_3] + NaCl.$
e) $[Ag(NH_3)_2]Cl + 2\,HNO_3 = AgCl + 2\,NH_4NO_3.$

f) Mit der 3—4fachen Menge eines Gemisches gleicher Teile wasserfreien *Natriumkarbonats* und *Kaliumcyanid* verrieben und auf der *Kohle*
geglüht, liefern die Silberverbindungen ein weißes, duktiles Metallkorn
ohne Beschlag. Letzteres wird durch erwärmte Chromsäurelösung rot
gefärbt.

3. Kupferverbindungen.

Kupfer bildet in den wäßrigen Lösungen seiner Salze meist zweiwertige, blau
gefärbte Cupriionen $Cu^{\cdot\cdot}$. Die farblosen einwertigen Cuproionen $Cu^{\cdot}$, welche die
schwerlöslichen Verbindungen CuJ, $CuCN$, $CuSCN$ liefern, kommen hauptsächlich nur für die quantitative Analyse in Betracht.

a) *Schwefelwasserstoff* und *Ammoniumsulfid* fällen blauschwarzes
Kupfersulfid: CuS[a], unlöslich in kalter Salzsäure, in Kalium- und
Natriumsulfidlösung. Gelbes Ammoniumsulfid löst es in geringer Menge
als *Ammonium-Kupfertetrasulfid*: $NH_4[CuS_4]$. Salpetersäure löst es
zu Kupfernitrat: $Cu(NO_3)_2$[b], Kaliumcyanid zu *farblosem Kaliumcuprocyanid*[c].

a) $CuSO_4 + H_2S = CuS + H_2SO_4.$
b) $3\,CuS + 8\,HNO_3 = 3\,Cu(NO_3)_2 + 2\,NO + 4\,H_2O + 3\,S.$
c) $2\,CuS + 10\,KCN = 2\,K_3[Cu(CN)_4] + 2\,K_2S + (CN)_2.$

b) *Kalium-* und *Natriumhydroxyd* erzeugen bei gewöhnlicher Temperatur
einen blauen Niederschlag von *Kupferhydroxyd*: $Cu(OH)_2$[a], der beim Kochen,
sowie beim *längeren* Stehen schwarz[b] wird. Zucker, Weinsäure, Glyzerin und n-
dere hydroxylhaltige organische Substanzen hindern, infolge Bildung von komplexen, kupferhaltigen Ionen, die Abscheidung des Kupferhydroxyds.

a) $Cu^{\cdot\cdot} + 2\,OH' = Cu(OH)_2.$
b) $3\,Cu(OH)_2 = Cu_3O_2(OH)_2 + 2\,H_2O.$

* c) *Ammoniak* scheidet zunächst blaugrünes, basisches Salz aus,
das sich in einem Überschusse des Fällungsmittels, unter Bildung kom-

plexer Kupfertetramminionen: $[Cu(NH_3)_4]^{..}$, mit lasurblauer Farbe löst, z. B.:

$$2\,CuSO_4 + 2\,NH_4 \cdot OH = Cu_2(OH)_2SO_4 + (NH_4)_2SO_4.$$
$$Cu_2(OH)_2SO_4 + (NH_4)_2SO_4 + 6\,NH_3 = 2[Cu(NH_3)_4]SO_4 + 2\,H_2O.$$

d) *Natrium-* und *Kaliumkarbonat* fällen blaugrünes *Basisch-Kupferkarbonat.*
$$2\,CuSO_4 + 2\,Na_2CO_3 + H_2O = [Cu_2(OH)_2CO_3] + 2\,Na_2SO_4 + CO_2.$$

e) *Ammoniumkarbonat* scheidet blaugrünes, in einem Überschusse des Fällungsmittels als *Kupfertetramminkarbonat:* $[Cu(NH_3)_4]CO_3$, mit lasurblauer Farbe lösliches *Basisch-Kupferkarbonat* ab.

f) *Kaliumcyanid* ruft in neutralen Kupferlösungen einen gelben Niederschlag von *Kupfercyanid:* $Cu(CN)_2$, hervor, der sich jedoch in einem Überschusse des Fällungsmittels zu *farblosem Kaliumcuprocyanid:* $K_3[Cu(CN)_4]$, auflöst. Aus letzterer Lösung, die komplexe Cuprocyan-Anionen: $[Cu(CN)_4]^{'''}$, enthält, ist das Kupfer durch Schwefelwasserstoff *nicht* fällbar (*Unterschied vom Cadmium*).

$$Cu^{..} + 2\,CN' = Cu(CN)_2$$
$$2\,Cu(CN)_2 = (CN)_2 + 2\,CuCN$$
$$CuCN + 3\,KCN = K_3[Cu(CN)_4].$$

* g) *Kaliumferrocyanid* scheidet rotbraunes, in Salzsäure unlösliches *Kupferferrocyanid:* $Cu_2[Fe(CN)_6]$, ab.

$$2\,Cu^{..} + [Fe(CN)_6]^{''''} = Cu_2[Fe(CN)_6].$$

* h) *Metallisches Eisen* überzieht sich in schwach angesäuerter Kupfersalzlösung bei Abwesenheit von Oxydationsmitteln allmählich mit einem roten Überzuge von metallischem Kupfer.

$$Fe + Cu^{..} = Fe^{..} + Cu.$$

i) Die *Phosphorsalzperle* nimmt in der oxydierenden Flamme eine schön grüne Färbung an, in der reduzierenden Flamme wird die Perle nach anhaltendem Blasen mit dem Lötrohre undurchsichtig und nimmt beim Erkalten infolge der Ausscheidung von metallischem Kupfer eine rotbraune Farbe an. Durch Zusatz von etwas Zinnfolie wird letztere Erscheinung beschleunigt.

k) Die *Boraxperle* zeigt in der oxydierenden Flamme heiß eine grüne, kalt eine blaue Färbung; in der reduzierenden Flamme treten dieselben Erscheinungen wie in der Phosphorsalzperle auf.

l) Mit der 3—4fachen Menge wasserfreien *Natriumkarbonats* gemischt und auf der *Kohle* in der reduzierenden Lötrohrflamme geglüht, liefern die Kupferverbindungen kupferrote Metallflitter oder Körner, ohne Beschlag.

m) Flüchtige *Kupfersalze* färben die Bunsenflamme grün bis blau. Besonders bei Gegenwart von *Halogen* ist die Flammenfärbung intensiv.

4. Bleiverbindungen.

Das Blei liefert in den wäßrigen Lösungen seiner Verbindungen vornehmlich zweiwertige Ionen $Pb^{..}$; die vierwertigen, sehr unbeständigen Ionen $Pb^{....}$ kommen analytisch nicht in Betracht.

a) *Schwefelwasserstoff* und *Ammoniumsulfid* fällen schwarzes *Blei-sulfid*: PbS[a], in kalten verdünnten Säuren und in Ammoniumsulfid unlöslich. Kochende *verdünnte* Salpetersäure löst es als Bleinitrat[b], erwärmte, rauchende Salpetersäure oxydiert es zu unlöslichem Bleisulfat: $PbSO_4$[c]. In verdünnten, salzsäurehaltigen Bleisalzlösungen scheidet Schwefelwasserstoff zunächst rotes *Bleisulfochlorid*: Pb_2Cl_2S, ab, das bei weiterer Einwirkung von H_2S in schwarzes *Bleisulfid*: PbS übergeht. Die Konzentration der Salzsäure soll 3 vH nicht übersteigen, weil sonst die Fällung nicht vollständig ist.

$$a)\ Pb(NO_3)_2 + H_2S = PbS + 2\,HNO_3.$$
$$b)\ 3\,PbS + 8\,HNO_3 = 3\,Pb(NO_3)_2 + 2\,NO + 4\,H_2O + 3\,S.$$
$$c)\ PbS + 4\,HNO_3 = PbSO_4 + 2\,H_2O + 2\,NO_2 + 2\,NO.$$

b) *Kalium-* und *Natriumhydroxyd* fällen weißes *Bleihydroxyd*: $Pb(OH)_2$, das sich in einem Überschusse des Fällungsmittels, unter Bildung der Alkalisalze des Anions PbO_2'', wieder auflöst.

$$Pb^{\cdot\cdot} + 2\,OH' = Pb(OH)_2.$$
$$Pb(OH)_2 + 2\,KOH = Pb(OK)_2 + 2\,H_2O.$$

c) *Ammoniak* scheidet im Überschusse des Fällungsmittels fast unlösliches Bleihydroxyd bzw. basisches Bleisalz ab (aus Bleiacetatlösung erst nach einiger Zeit).

d) *Kalium-*, *Natrium-* und *Ammoniumkarbonat* fällen weißes *Basisch-Bleikarbonat*.

e) *Salzsäure* und *lösliche Chloride* fällen weißes, kristallinisches, in *viel* kochendem Wasser lösliches *Bleichlorid*: $PbCl_2$, das beim Erkalten der Lösung in farblosen, glänzenden Nadeln auskristallisiert. In sehr verdünnten Lösungen entsteht kein Niederschlag.

$$Pb^{\cdot\cdot} + 2\,Cl = PbCl_2.$$

* f) *Verdünnte Schwefelsäure* und *lösliche Sulfate* scheiden weißes, fast unlösliches Bleisulfat ab; letzteres ist in Kali- oder Natronlauge, sowie in Ammoniumtartratlösung bei Gegenwart von Ammoniak, infolge Bildung von komplexen Ionen, löslich.

$$Pb^{\cdot\cdot} + SO_4'' = PbSO_4.$$
$$PbSO_4 + 4\,KOH = Pb(OK)_2 + K_2SO_4 + 2\,H_2O.$$

* g) *Kaliumchromat* und *Kaliumdichromat* fällen gelbes, in Essigsäure unlösliches, in Salpetersäure und Natronlauge lösliches *Bleichromat*: $PbCrO_4$.

$$Pb^{\cdot\cdot} + CrO_4'' = PbCrO_4.$$
$$PbCrO_4 + 4\,NaOH = Pb(ONa)_2 + Na_2CrO_4 + 2\,H_2O.$$

h) *Kaliumjodid* scheidet gelbes, in siedender Essigsäure lösliches *Bleijodid*: PbJ_2, ab. Aus der Lösung in Essigsäure kristallisiert dieses beim Erkalten in schön goldgelben, glänzenden Blättchen.

$$P^{\cdot\cdot} + 2\,J' = PbJ_2.$$

i) Mit der 3—4fachen Menge wasserfreien *Natriumkarbonats* gemischt und auf der *Kohle* in der reduzierenden Lötrohrflamme geglüht, liefern die Bleiverbindungen ein *duktiles* Metallkorn und einen gelben, aus Bleioxyd bestehenden Beschlag.

5. Wismutverbindungen.

Wismut bildet dreiwertige, positive Ionen $Bi^{...}$; seine Salze erleiden meist unter dem Einfluß von viel Wasser eine hydrolytische Spaltung: Bildung schwerlöslicher basischer Verbindungen.

a) *Schwefelwasserstoff* und *Ammoniumsulfid* fällen braunschwarzes *Wismutsulfid*: Bi_2S_3, unlöslich in kalten, verdünnten Säuren und in Ammoniumsulfid, löslich in kochender Salpetersäure zu Wismutnitrat: $Bi(NO_3)_3$.

$$2\,Bi(NO_3)_3 + 3\,H_2S = Bi_2S_3 + 6\,HNO_3.$$
$$Bi_2S_3 + 8\,HNO_3 = 2\,Bi(NO_3)_3 + 2\,NO + 4\,H_2O + 3\,S.$$

b) *Kalium-* und *Natriumhydroxyd*, sowie *Ammoniak* fällen weißes, im Überschusse der Fällungsmittel unlösliches *Wismuthydroxyd*: $Bi(OH)_3$, bzw. $BiO \cdot OH$.

$$Bi^{...} + 3\,OH' = BiO \cdot OH + H_2O.$$

c) *Kalium-*, *Natrium-* und *Ammoniumkarbonat* scheiden weißes *Basisch-Wismutkarbonat* ab.

d) *Salzsäure* und *verdünnte Schwefelsäure* (1 : 5) fällen Wismutsalzlösungen nicht (Unterschied von Blei).

e) *Kaliumdichromat* fällt gelbes, in Natronlauge unlösliches *Bismutyldichromat*:

$$2\,Bi^{...} + Cr_2O_7'' + 2\,H_2O \rightleftarrows (BiO)_2Cr_2O_7 + 4\,H^{.}$$

* f) *Kaliumjodid* fällt braunschwarzes *Wismutjodid*: BiJ_3, bzw. rotbraunes *Bismutyljodid* $(BiO)J$, das in einem Überschusse des Fällungsmittels löslich ist.

$$Bi^{...} + 3\,J' = BiJ_3.$$
$$Bi^{...} + J' + H_2O = (BiO)J + 2\,H$$

* g) *Wasser* fällt, in größerer Menge zugefügt, aus den Lösungen der Wismutsalze in *möglichst wenig* Säure schwer- oder unlösliche *basische Salze*. Ammoniumchlorid befördert deren Abscheidung. Diese basischen Salze sind unlöslich in Weinsäure und in Kalilauge; Ammoniumsulfid schwärzt sie.

$$Bi(NO_3)_3 + H_2O \rightleftarrows (BiO)NO_3 + 2\,HNO_3$$
$$(BiO)NO_3 + NH_4Cl = (BiO)Cl + NH_4NO_3.$$

* h) Eine Lösung von *Zinnchlorür in verdünnter Kali-* oder *Natronlauge, im Überschuß* zu einer Wismutsalzlösung zugesetzt, scheidet schwarzes metallisches *Wismut*: Bi, aus.

i) Mit der 3—4fachen Menge wasserfreien *Natriumkarbonats* gemischt und auf der *Kohle* in der reduzierenden Lötrohrflamme geglüht, liefern die Wismutverbindungen ein *sprödes* Metallkorn mit gelbem, aus Wismutoxyd bestehenden Beschlage.

6. Cadmiumverbindungen.

Das Cadmium liefert ausschließlich zweiwertige positive Ionen $Cd^{\cdot\cdot}$.

* a) *Schwefelwasserstoff* und *Ammoniumsulfid* fällen gelbes, in Ammoniumsulfid unlösliches Cadmiumsulfid: CdS. Bei der Fällung aus salzsaurer Lösung mittels Schwefelwasserstoff ist darauf zu achten, daß die Salzsäurekonzentration 3 vH nicht übersteigt, da sonst die Fällung nicht vollständig ist. Konzentrierte Salzsäure und kochende verdünnte Schwefelsäure lösen das Cadmiumsulfid wieder auf.

$$CdSO_4 + H_2S \rightleftarrows CdS + H_2SO_4.$$

b) *Kalium-* und *Natriumhydroxyd* scheiden weißes, im Überschusse des Fällungsmittels unlösliches *Cadmiumhydroxyd*: $Cd(OH)_2$, ab.

$$Cd^{\cdot\cdot} + 2\,OH' = Cd(OH)_2.$$

c) *Ammoniak* fällt weißes, im Überschusse des Fällungsmittels, unter Bildung von Komplexsalzen, lösliches *Cadmiumhydroxyd*: $Cd(OH)_2$ (s. Zink).

d) *Kalium-* und *Natriumkarbonat* scheiden weißes *Cadmiumkarbonat*: $CdCO_3$, aus, das in einem Überschusse der Fällungsmittel *nicht* löslich ist.

$$Cd^{\cdot\cdot} + CO_3'' = CdCO_3.$$

* e) *Kaliumcyanid* erzeugt in neutraler oder ammoniakalischer Lösung einen weißen, in einem Überschusse des Fällungsmittels zu *Cadmiumkaliumcyanid*: $K_2[Cd(CN)_4]$, löslichen Niederschlag. Schwefelwasserstoff scheidet aus dieser Lösung gelbes *Cadmiumsulfid*: CdS, ab (*Unterschied vom Kupfer*).

$$Cd^{\cdot\cdot} + 2\,CN' = Cd(CN)_2;\ Cd(CN)_2 + 2\,CN' = [Cd(CN)_4]''.$$

* f) Mit der 3—4fachen Menge wasserfreien *Natriumkarbonats* gemischt und auf der *Kohle* in der reduzierenden Flamme geglüht, liefern die Cadmiumverbindungen, *ohne Metallkorn*, einen braunen Beschlag von Cadmiumoxyd (Pfauenaugenbeschlag).

7. Arsenverbindungen.

Das Arsen liefert nur in geringem Maße schwach positive drei- und fünfwertige Ionen $As^{\cdot\cdot\cdot}$ und $As^{\cdot\cdot\cdot\cdot\cdot}$. Die Sauerstoff-Wasserstoffverbindungen des Arsens tragen infolge Anionenbildung den Charakter schwacher Säuren (s. S. 46—48).

* a) Mit der 3—4fachen Menge eines Gemisches gleicher Teile wasserfreien *Natriumkarbonats* und *Kaliumcyanids* im Glühröhrchen erhitzt, liefern die Arsenverbindungen einen glänzenden Spiegel von Arsen.

* b) Auf der *Kohle* in der Reduktionsflamme erhitzt, liefern die Arsenverbindungen Knoblauchgeruch und häufig auch einen weißen Beschlag von Arsenigsäureanhydrid: As_2O_3.

Weitere Reaktionen siehe unter arseniger Säure und Arsensäure.

8. Antimonverbindungen.

Das Antimon liefert schwach positive drei- und fünfwertige Ionen $Sb^{...}$ und $Sb^{.....}$. Das Antimonhydroxyd: $Sb(OH)_3$, bzw. $SbO \cdot OH$, liefert sowohl schwach positive: $Sb^{...}$, bzw. $SbO^{.}$, als auch schwach negative Ionen: SbO_3''', bzw. SbO_2', so daß es sowohl den Charakter einer schwachen Base, als auch den einer schwachen Säure trägt. Das Antimon-5-oxyd hat sehr schwach sauren Charakter. Es bildet keine gut definierten Hydrate. Die Alkalisalze leiten sich von der Metaform $HSbO_3$ und Pyroform $H_4Sb_2O_7$ ab.

* a) *Schwefelwasserstoff* fällt aus Antimon-3-salzlösungen orangerotes *Antimontrisulfid*: Sb_2S_3[a], aus Antimonsäurelösungen ein orangerotes Gemisch von *Antimontetrasulfid* und *Schwefel*: $Sb_2S_4 + S$[b]. Antimontrisulfid ist ganz, Antimontetrasulfid nahezu unlöslich in Ammoniumkarbonatlösung und in kalten verdünnten Säuren; beide sind löslich in kochender Salzsäure[a], in Ammoniumsulfid[c] und in Kalilauge[d].

a) $2\,SbCl_3 + 3\,H_2S \rightleftarrows Sb_2S_3 + 6\,HCl$.
b) $2\,SbCl_5 + 5\,H_2S = Sb_2S_4 + S + 10\,HCl$.
c) $Sb_2S_3 + 3\,(NH_4)_2S = 2\,(NH_4)_3SbS_3$
$Sb_2S_4 + S + 3\,(NH_4)_2S = 2\,(NH_4)_3SbS_4$.
d) $Sb_2S_3 + 2\,KOH = KSbS_2 + KSbOS + H_2O$
$Sb_2S_4 + S + 6\,KOH = K_3SbS_4 + K_3SbO_3S + 3\,H_2O$.

Verdünnte Salzsäure scheidet aus den Lösungen in Ammoniumsulfid und Kalilauge die Sulfide (Sb_2S_3 bzw. $Sb_2S_4 + S$) wieder ab.

b) *Ammoniumsulfid* verhält sich wie Schwefelwasserstoff, der Niederschlag löst sich jedoch in einem Überschusse des Fällungsmittels wieder auf.

c) *Kalium*- und *Natriumhydroxyd* fällen aus den Lösungen der Antimon-3-Verbindungen weiße *metantimonige Säure*: $SbO \cdot OH$, die sich in einem Überschusse des Fällungsmittels wieder löst.

$$Sb^{...} + 3\,OH' = (SbO)OH + H_2O.$$
$$SbO \cdot OH + KOH = SbO \cdot OK + H_2O.$$

* d) *Zink*, *Eisen* und auch *Zinn* scheiden aus salzsäurehältigen Antimonlösungen schwarzes Antimonpulver ab. Bringt man einige Tropfen der nicht zu konzentrierten Antimonlösung auf ein Platinblech und legt alsdann in die Lösung ein *kleines* Zink- oder Zinnkorn (Zinnfolie, die zu einer kleinen Kugel zusammengedreht ist), so bekleidet sich das Platinblech durch die *ganze* Flüssigkeit mit einem *schwarzen*, festhaftenden, nach dem Auswaschen in Salzsäure unlöslichen Überzuge von Antimon. Die Gegenwart von Salpetersäure oder von anderen Oxydationsmitteln hindert diese Reaktion.

* e) *Zink* und *verdünnte Schwefelsäure* erzeugen (im MARSHschen Apparate) *Antimonwasserstoff*: SbH_3. Das entweichende Gas verbrennt mit bläulichgrüner Flamme zu Antimonoxyd[a]. Kühlt man die Flamme jedoch durch Hineinhalten einer Porzellanschale ab, so beschlägt letztere mit einem *tiefschwarzen, matten* Flecke von Antimon[b], der sich in Natriumhypochloritlösung *nicht* auflöst (Unterschied vom Arsen, s. S. 46 bis 48).

a) $2\,SbH_3 + 6\,O = Sb_2O_3 + 3\,H_2O$.
b) $2\,SbH_3 + 3\,O = 2\,Sb + 3\,H_2O$.

f) Die Lösung der Antimonverbindungen in Salzsäure wird durch Wasser weiß gefällt[a]); in Weinsäure[b]) und in Natronlauge[c]) ist der entstandene Niederschlag löslich, z. B.:

a) $SnCl_3 + H_2O \rightleftarrows (SbO)Cl + 2HCl.$
b) $SbOCl + C_4H_6O_6 = C_4H_5(SbO)O_6 + HCl.$
c) $SbOCl + 2NaOH = NaSbO_2 + H_2O + NaCl.$

g) Mit der 3—4fachen Menge wasserfreien *Natriumkarbonats* oder besser mit *Kaliumcyanid* gemischt und auf der *Kohle* in der Reduktionsflamme geglüht, liefern die Antimonverbindungen rauchende, spröde Metallkörner und einen weißen, aus Antimonoxyd bestehenden Beschlag. Bisweilen bekleiden sich die Metallkörner beim Erkalten auch mit einem Kristallnetze von Antimontrioxyd.

9. Zinnverbindungen.

Das Zinn kann in seinen Verbindungen zwei- und vierwertig auftreten. Die von dem zweiwertigen Zinn sich ableitenden Verbindungen werden als *Zinn-2-*, *Stanno-* oder *Zinnoxydul-Verbindungen*, die von dem vierwertigen Zinn sich ableitenden Verbindungen als *Zinn-4-*, *Stanni-* oder *Zinnoxyd-Verbindungen* bezeichnet. In den Stannoverbindungen besitzt das Zinn nur wenig Neigung, zweiwertige Kationen $Sn^{\cdot\cdot}$ zu bilden, noch geringer ist die Neigung in den Stanniverbindungen vierwertige Kationen $Sn^{\cdot\cdot\cdot\cdot}$ zu liefern. Stanno- und Stannisalze werden durch Wasser weitgehend hydrolytisch gespalten. Die Hydroxyde beider Verbindungsreihen sind sowohl schwache Kationen-, als auch schwache Anionenbildner, da sie sowohl den Charakter schwacher Basen als auch den schwacher Säuren tragen.

α) Zinn-2-(Stanno-, Zinnoxydul-)Verbindungen.

a) *Schwefelwasserstoff* erzeugt einen kaffeebraunen Niederschlag von *Stannosulfid*: SnS[a]), unlöslich in *farblosem*, löslich in *gelbem* Ammoniumsulfid[b]). Aus letzterer Lösung fällt Salzsäure gelbes *Stannisulfid*: SnS_2[c]).

a) $SnCl_2 + H_2S = SnS + 2HCl.$
b) $SnS + (NH_4)_2S_2 = (NH_4)_2SnS_3.$
c) $(NH_4)_2SnS_3 + 2HCl = SnS_2 + 2NH_4Cl + H_2S.$

b) *Kalium-* und *Natriumhydroxyd*, sowie *Ammoniak*, *Kalium-*, *Natrium-* und *Ammoniumkarbonat* fällen weißes Stannohydroxyd: $Sn(OH)_2$, im Überschusse der beiden ersten Fällungsmittel löslich.

$$Sn^{\cdot\cdot} + 2OH' = Sn(OH)_2.$$
$$Sn(OH)_2 + 2KOH = Sn(OK)_2 + 2H_2O.$$

* c) *Quecksilberchlorid* erzeugt einen weißen Niederschlag von *Quecksilberchlorür*: Hg_2Cl_2, der bei Gegenwart von überschüssigem Stannosalz, namentlich in der Wärme unter Abscheidung von Quecksilber, grau wird.

$$Sn^{\cdot\cdot} + 2Hg^{\cdot\cdot} = Sn^{\cdot\cdot\cdot\cdot} + 2Hg^{\cdot}.$$
$$Sn^{\cdot\cdot} + 2Hg^{\cdot} = Sn^{\cdot\cdot\cdot\cdot} + 2Hg.$$

d) *Zink* scheidet graues, schwammiges, das Zink einhüllendes Zinn ab; auf dem Platinbleche (vgl. S. 36, d) entsteht kein schwarzer, anhaftender Überzug, sondern erfolgt nur obige Abscheidung. Letztere ist, nach dem Auswaschen, in Salzsäure löslich.

e) Mit der 3—4fachen Menge wasserfreien *Natriumkarbonats* oder besser mit der 3—4fachen Menge eines Gemisches gleicher Teile *Natriumkarbonat* und *Kaliumcyanid* verrieben und in der reduzierenden Flamme auf *Kohle* geglüht, liefern die Zinnverbindungen weiße, duktile Metallkörner und einen weißen Beschlag von Zinndioxyd.

β) Zinn-4-(Stanni-, Zinnoxyd-)Verbindungen.

a) *Schwefelwasserstoff* fällt gelbes *Stannisulfid*: SnS_2[a]; unlöslich in Ammoniumkarbonat, löslich in *farblosem*[b] *und in gelbem* Ammoniumsulfid, sowie in erwärmter starker Salzsäure.

$$a) \quad SnCl_4 + 2H_2S \rightleftarrows SnS_2 + 4HCl.$$
$$b) \quad SnS_2 + (NH_4)_2S = (NH_4)_2SnS_3.$$

b) *Ammoniumsulfid* fällt zunächst gelbes *Stannisulfid*: SnS_2, das sich jedoch in einem Überschusse des Fällungsmittels wieder löst.

c) *Kalium-* und *Natriumhydroxyd* scheiden weißes, im Überschusse des Fällungsmittels lösliches *Stannihydroxyd*: $Sn(OH)_4$, aus.

$$Sn^{\cdots\cdot} + 4OH' = Sn(OH)_4$$
$$Sn(OH)_4 + 2KOH = K_2SnO_3 + 3H_2O.$$

d) *Ammoniak* und *Ammoniumkarbonat* fällen weißes *Stannihydroxyd*: $Sn(OH)_4$, das in einem Überschusse des Fällungsmittels unlöslich ist.

$$Sn^{\cdots\cdot} + 2CO_3'' + 2H_2O = Sn(OH)_4 + 2CO_2.$$

e) *Kalium-* und *Natriumkarbonat* scheiden ebenfalls weißes Zinnhydroxyd: $Sn(OH)_4$, ab; letzteres löst sich in überschüssigem Kaliumkarbonat vollständig, in Natriumkarbonat nur teilweise auf.

f) *Quecksilberchlorid* ruft *keine* Fällung hervor.

g) Gegen *Zink*, *Eisen* und *Zinn*, sowie auf der *Kohle*, verhalten sich die Stanniverbindungen wie die Stannoverbindungen.

* h) Stanno- und Stanniverbindungen, auch *Zinnoxyd* und *Zinnsulfid*, geben die nachfolgende *Leuchtprobe*. Eine Spur der Substanz werde in einem Tiegel mit einigen Kubikzentimetern rauchender Salzsäure versetzt und ein Zinkkorn zugefügt. Während der stürmischen Wasserstoffentwicklung rühre man mit einem Reagensglas, das mit kaltem Wasser halb gefüllt ist, um. Hält man jetzt das Reagensglas mit den benetzten äußeren Stellen in eine rauschende Bunsenflamme, so erscheint um das Reagensglas ein leuchtend blauer Flammensaum. Empfindliche und charakteristische Reaktion auf Zinn.

* i) Die *Phosphorsalzperle* der Stanno- und Stanniverbindungen ist farblos; auf Zusatz einer kleineren Menge von Kupfersulfat und nach dem Glühen im Gebläse nimmt sie nach vollständigem Erkalten eine siegellackrote Färbung an.

10. Platinverbindungen.

Das Platin liefert zwei Reihen von Verbindungen: Platin-4-(*Platini-*) und Platin-2-(*Platino-*)*verbindungen.* In beiden Verbindungsreihen ist wenig Neigung zur Bildung von $Pt^{\cdots\cdots}$-, bzw. $Pt^{\cdots}$-Ionen vorhanden; die beständigen Platinverbindungen sind komplexer Natur. Von den Verbindungen den Platins ist die Platinireihe die analytisch wichtigere und zugleich beständigere.

Die nachstehenden Reaktionen beziehen sich auf die *Platiniverbindungen.*

a) *Schwefelwasserstoff* erzeugt anfänglich nur eine braune Färbung, allmählich, besonders beim Erwärmen, entsteht jedoch ein braunschwarzer Niederschlag: PtS_2, der unlöslich in Salzsäure, löslich in starker Salpetersäure und in Königswasser ist.

$$H_2[PtCl_6] + 2\,H_2S = PtS_2 + 6\,HCl.$$

b) *Ammoniumsulfid* scheidet ebenfalls *Platinsulfid*: PtS_2, ab, das jedoch in einem Überschusse des Fällungsmittels, namentlich wenn letzteres Polysulfid enthält, teilweise löslich ist.

$$PtS_2 + S'' = PtS_3''.$$

* c) Lösliche *Kalium-* und *Ammoniumsalze, nicht* dagegen *Natriumsalze,* scheiden aus nicht zu verdünnter Platinchloridlösung gelbe, körnigkristallinische Niederschläge ab, z. B.:

$$[PtCl_6]'' + 2\,K^{\cdot} = K_2[PtCl_6].$$

d) *Kaliumjodid* reduziert Platinchlorid-Chlorwasserstoff, unter Abscheidung von Jod, zu Platino-Chlorwasserstoff.

$$[PtCl_6]'' + 2\,J' = [PtCl_4]'' + 2\,Cl' + J_2.$$

e) *Zinnchlorür* färbt die Lösung des Platinchlorids dunkel braunrot; Ferrosalzlösungen bewirken keine Fällung, erst beim längeren Kochen damit findet eine Reduktion zu Platin statt.

f) Versetzt man die Lösung des Platinchlorids zunächst mit Ferrosulfat-, dann mit *Natriumhydroxydlösung* und endlich mit *Salzsäure,* so entsteht *Platinmohr.*

g) Auf der *Kohle* hinterlassen die Platinverbindungen beim Erhitzen mittels des Lötrohrs eine graue, schwammige Masse von metallischem Platin, das sich in Königswasser mit gelber Farbe löst.

11. Goldverbindungen.

Das Gold liefert zwei Reihen von Verbindungen: Gold-3-(*Auri-*) und Gold-1-(*Auro-*)*verbindungen.* Die analytisch wichtigeren und zugleich beständigeren Auriverbindungen scheinen in wäßriger Lösung das Ion $Au^{\cdots}$ zu liefern. Das Goldhydroxyd: $Au(OH)_3$ ist zugleich Kationen- und Anionenbildner. Viele Goldverbindungen liefern komplexe Ionen.

a) *Schwefelwasserstoff* scheidet in der Kälte aus Goldchloridlösung schwarzes Goldtrisulfid: Au_2S_3, aus, unlöslich in Salzsäure, Schwefelsäure und verdünnter Salpetersäure, löslich in Königswasser und Kaliumcyanidlösung. Polysulfide lösen das Sulfid bei Zimmertemperatur langsam, etwas leichter in der Wärme. Aus heißer Goldchloridlösung scheidet Schwefelwasserstoff bei langsamem Einleiten metallisches Gold, bei raschem Einleiten ein Gemisch von Goldtrisulfid und metallischem Gold ab.

b) *Ammoniumsulfid* fällt aus Goldchloridlösung schwarzbraunes *Goldtrisulfid:* Au_2S_3, das sich bei Gegenwart von Ammoniumpolysulfid, in einem Überschusse des Fällungsmittels, besonders in der Wärme, wieder löst.

c) *Kalium-* und *Natriumhydroxyd* erzeugen einen rötlich-gelben, in einem Überschusse des Fällungsmittels löslichen Niederschlag von *Goldhydroxyd*: Au(OH)$_3$.

$$[AuCl_4]' + 3\,OH' = Au(OH)_3 + 4\,Cl'$$
$$Au(OH)_3 + KOH = KAuO_2 + 2\,H_2O.$$

* d) *Ferrosalzlösungen* scheiden in der Wärme rotbraunes *Gold* ab.

$$2[AuCl_4]' + 6\,Fe^{\cdot\cdot} = 6\,Fe^{\cdot\cdot\cdot} + 8\,Cl' + 2\,Au.$$

* e) *Oxalsäure* ruft beim Erwärmen mit stark verdünnter Goldlösung zunächst nur eine blaue Färbung von kolloidem Gold hervor, die allmählich in einen rotbraunen Niederschlag von metallischem *Gold* übergeht.

$$2[AuCl_4]' + 3\,C_2O_4'' = 2\,Au + 6\,CO_2 + 8\,Cl'.$$

* f) Verdünnte, etwas *Zinnchlorid enthaltende* Lösung von *Zinnchlorür* ruft, selbst in sehr verdünnten Goldlösungen, eine purpurrote bis rotbraune Färbung hervor (Cassiusscher Goldpurpur).

g) Wird eine stark verdünnte Lösung von Goldchlorid mit sehr verdünnter Kaliumkarbonatlösung *schwach* alkalisch gemacht, hierauf bis nahe zum Sieden erhitzt und dann sofort mit etwas verdünnter Formaldehydlösung versetzt, so tritt eine blaue bis tiefrote Färbung, infolge Bildung von *kolloidem Gold*, ein.

h) Auf der *Kohle* mit *Soda* geschmolzen, liefern die Goldverbindungen gelbe, duktile Flitter oder Körnchen von metallischem Golde.

β) Reaktionen der wichtigeren Säuren.

(Reaktionen der Anionenbildner.)

1. Schwefelsäure: H$_2$SO$_4$, Sulfate.

Die Schwefelsäure liefert als starke zweibasische Säure in wäßriger Lösung außer H$^{\cdot}$-Ionen, HSO$_4'$- und SO$_4''$-Ionen. Bei den Reaktionen der Sulfate kommen nur die zweiwertigen Ionen SO$_4''$ in Betracht.

* a) Lösliche *Bariumsalze* scheiden in saurer Lösung weißes, in verdünnten Mineralsäuren unlösliches *Bariumsulfat*: BaSO$_4$, ab.

$$Ba^{\cdot\cdot} + SO_4'' = BaSO_4.$$

* b) *Bleiacetat* fällt weißes *Bleisulfat*: PbSO$_4$, vgl. S. 33.

c) Mit der 3—4fachen Menge wasserfreien *Natriumkarbonats* innig gemischt und alsdann auf der *Kohle anhaltend* geglüht, liefern die Sulfate eine Natriumsulfid enthaltende Schmelze (*Hepar*). Bringt man diese Schmelze auf eine Silbermünze und fügt etwas Wasser zu, so entsteht unter Mitwirkung des Sauerstoffs der Luft allmählich ein braunschwarzer Fleck von Silbersulfid.

$$Na_2SO_4 + 4\,C = Na_2S + 4\,CO.$$
$$Na_2S + 2\,Ag + H_2O + O = Ag_2S + 2\,NaOH.$$

2. Unterschweflige Säure: H$_2$S$_2$O$_3$, Thiosulfate.

Die Thiosulfate liefern die zweiwertigen Ionen S$_2$O$_3''$. Die freie Säure ist unbeständig (s. unter a).

* a) *Salzsäure* zerlegt die Thiosulfate unter Abscheidung von *Schwefel* und Entwicklung von *Schwefeldioxyd*.

$$Na_2S_2O_3 + 2HCl = 2NaCl + SO_2 + S + H_2O.$$

* b) *Silbernitrat* fällt weißes *Silberthiosulfat*: $Ag_2S_2O_3$[a]), das in einem Überschusse des Thiosulfats löslich ist[b]). Das Silberthiosulfat wird rasch gelb, braun und endlich unter Bildung von Silbersulfid schwarz[c]).

$$\begin{aligned}
a) &\quad S_2O_3'' + 2Ag^{\cdot} = Ag_2S_2O_3. \\
b) &\quad Ag_2S_2O_3 + Na_2S_2O_3 = 2[AgS_2O_3]Na. \\
c) &\quad Ag_2S_2O_3 + H_2O = Ag_2S + H_2SO_4.
\end{aligned}$$

c) *Bleiacetat* fällt weißes *Bleithiosulfat*, das in einem Überschusse von Thiosulfat löslich ist, sich aber beim Erwärmen unter Bildung von *Bleisulfid* schwärzt.

$$\begin{aligned}
S_2O_3'' + Pb^{\cdot\cdot} &= PbS_2O_3 \\
PbS_2O_3 + H_2O &= PbS + H_2SO_4.
\end{aligned}$$

* d) Thiosulfatlösung entfärbt Jod unter Bildung von Tetrathionat.

$$2S_2O_3'' + 2J = S_4O_6'' + 2J'.$$

e) *Neutrale Eisenchloridlösung* färbt die Lösung der Alkalithiosulfate zunächst violett $[Fe_2(S_2O_3)_3]$, nach einiger Zeit, rascher beim gelinden Erwärmen, verschwindet diese Färbung vollständig.

$$\begin{aligned}
3S_2O_3'' + 2Fe^{\cdots} &= Fe_2(S_2O_3)_3 \\
Fe_2(S_2O_3)_3 &= FeS_2O_3 + FeS_4O_6.
\end{aligned}$$

f) Mit Zink und verd. Schwefelsäure geben Thiosulfate Schwefelwasserstoff (Schwärzung von Bleipapier) und nach b Schwefel.

g) Thiosulfate geben die Heparprobe (s. S. 40 c bei Schwefelsäure).

3. Schweflige Säure: H_2SO_3, Sulfite.

Die schweflige Säure liefert in wäßriger Lösung außer $H^{\cdot}$-Ionen, HSO_3'- und SO_3''-Ionen; sie zerfällt leicht unter Bildung von H_2O und SO_2. Die neutralen Sulfite werden durch Wasser zum Teil hydrolytisch gespalten.

* *Salzsäure* oder *verdünnte Schwefelsäure* entwickeln aus Sulfiten stechend riechendes *Schwefeldioxyd*: SO_2[a]); Jodsäure-Stärkepapier[1] färbt sich durch das entweichende Gas blau[b]); durch einen Überschuß von Schwefeldioxyd verschwindet jedoch die Blaufärbung wieder[c]).

$$\begin{aligned}
a) &\quad Na_2SO_3 + 2HCl = 2NaCl + SO_2 + H_2O \\
b) &\quad 3H_2SO_3 + HJO_3 = 3H_2SO_4 + HJ \\
&\quad 5HJ + HJO_3 = 6J + 3H_2O. \\
c) &\quad 2J + SO_2 + 2H_2O = H_2SO_4 + 2HJ.
\end{aligned}$$

b) *Schwefelwasserstoff* wird durch Schwefeldioxyd, bzw. schweflige Säure unter Abscheidung von *Schwefel* zersetzt.

$$SO_2 + 2H_2S = 2H_2O + 3S.$$

* c) Lösliche Barium- und Strontiumsalze erzeugen einen weißen Niederschlag von *Barium-* bzw. *Strontiumsulfit*[a]), der in starken Säuren löslich ist; versetzt man die eventuell filtrierte salzsaure Lösung mit einem Oxydationsmittel, wie Chlor-

---

[1] Mit Stärkelösung, der etwas Jodsäurelösung zugesetzt ist, befeuchtetes Papier.

oder Bromwasser, Wasserstoffsuperoxyd oder Salpetersäure, so entsteht ein in Säuren unlöslicher Niederschlag[b]).

$$a) \; SO_3'' + Ba'' = BaSO_3.$$
$$b) \; BaSO_3 + H_2O + Cl_2 = BaSO_4 + 2\,HCl.$$

d) *Zink* und *verdünnte Schwefelsäure* reduzieren die schweflige Säure zu Schwefelwasserstoff: H_2S (zu erkennen durch den Geruch und die Schwärzung von Bleipapier), der zum Teil mit der übrigen schwefligen Säure Schwefel liefert (s. b).

$$H_2SO_3 + 6H = H_2S + 3H_2O.$$

e) *Eisenchlorid* ruft in der wäßrigen Lösung der neutralen Alkalisulfite eine intensive Rotfärbung hervor.

f) Natriumsulfitlösung entfärbt Jod. Im Gegensatz zu Thiosulfat entsteht eine stark saure Reaktion.

g) Sulfite geben die Heparprobe (s. S. 40, c bei Schwefelsäure).

4. Überschwefelsäure: $H_2S_2O_8$, Persulfate.

Die Überschwefelsäure ist eine zweibasische, leicht zersetzliche Säure, die in ihren Reaktionen zum Teil Ähnlichkeit mit dem Wasserstoffsuperoxyd zeigt.

a) Aus verdünnter *Kaliumjodidlösung* scheiden die Überschwefelsäure und die Persulfate erst durch ihren langsamen Zerfall und sehr allmählich Jod aus. Mit *Salzsäure* erwärmt, entwickeln sie Chlor.

* b) Aus *Manganosalzlösungen* fällen die Persulfate beim Kochen braunschwarzes Mangandioxydhydrat; bei Gegenwart von Silbersalzen in saurer Lösung wird violettrotes Permanganat gebildet. *Kaliumpermanganatlösung* wird durch Überschwefelsäure und Persulfate im Gegensatz zu Wasserstof superoxydlösung nicht entfärbt, wohl aber Indigolösung.

c) Beim Kochen der Lösung der Überschwefelsäure und der Persulfate findet unter Bildung von Schwefelsäure eine Entwicklung von Sauerstoff statt. *Bariumchloridlösung* ruft daher bei gewöhnlicher Temperatur in der Lösung der Persulfate keine Fällung hervor, wohl aber nach dem Kochen.

5. Schwefelwasserstoff, Sulfide.

Der Schwefelwasserstoff erfährt in wäßriger Lösung nur in sehr geringem Umfange eine Ionisierung zu $H\cdot H\cdot$ und S'' (s. S. 9). Als Salze einer schwachen Säure werden daher die Alkalisulfide stark hydrolytisch, unter Bildung von Hydroxyd und Sulfhydrat, gespalten. Das Sulfidion S'' vermag noch ein oder mehrere Schwefelatome anzulagern unter Bildung der Polysulfidionen S_n''. Unter dem Einfluß von Wasserstoffionen zerfallen diese in $(n-1)\,S$ und S''.

* a) Schwefelwasserstoff kennzeichnet sich durch den Geruch, durch die Braun- oder Schwarzfärbung von *Bleiacetatpapier* und durch die Violettfärbung von Filtrierpapier, das mit *ammoniakalischer Nitroprussidnatriumlösung* befeuchtet ist.

Zum Nachweis von *sehr geringen Mengen* Schwefelwasserstoff in wäßriger Lösung versetze man diese zunächst mit $^1/_{50}$ Volum rauchender Salzsäure, füge dann einige Körnchen *schwefelsauren p-Aminodimethylanilins* und, sobald letztere gelöst sind, noch 1—2 Tropfen verdünnter Eisenchloridlösung zu. Infolge der Bildung von *Methylenblau* tritt nach Verlauf von 5—30 Minuten eine blaue Färbung ein.

* b) Mit *Salzsäure* entwickeln viele Sulfide, namentlich beim Erwärmen, *Schwefelwasserstoff*. Schwerlösliche Sulfide — sie sind stets gefärbt — geben diese Reaktion erst nach Zugabe von granuliertem Zink.

Beim Auflösen in Salpetersäure oder Königswasser geben schwerlösliche Sulfide häufig eine Abscheidung von Schwefel in Form zusammengeballter Massen oder gelber Tröpfchen.

* c) *Nitroprussidnatrium* färbt die Lösungen wasserlöslicher Sulfide blauviolett; Schwefelwasserstoff ruft keine Färbung hervor; sie tritt ein nach Zusatz von Ammoniak.

d) Sulfide, Thiosulfate und Rhodanide zersetzen katalytisch eine Jodazidlösung (in 100 ccm 0,1 n Jodlösung werden 3 g Natriumazid gelöst) unter Stickstoffentwicklung. (Auch auf schwerlösliche Sulfide sehr empfindliche und bei Abwesenheit von Thiosulfaten und Rhodaniden charakteristische Reaktion.)

e) In einem schräg liegenden, an beiden Seiten offenen Röhrchen erhitzt, werden die Metallsulfide unter Bildung von Schwefeldioxyd (vgl. S. 41) zersetzt.

f) Sulfide geben naturgemäß die Heparprobe (s. S. 40c bei Schwefelsäure). Schwefelwasserstoff und lösliche Sulfide schwärzen bei Gegenwart von Sauerstoff (Luft) an sich schon ein blankes Silberblech.

6. Salpetersäure: HNO_3, Nitrate.

Die Salpetersäure ist eine starke einbasische Säure, die in wäßriger Lösung in die Ionen $H^{\cdot}$ und NO_3 in weitem Umfange zerfällt.

* a) Gießt man zu dem in Wasser gelösten oder darin suspendierten Nitrate nach Zugabe von wenig Salzsäure (Chlorionen steigern die Empfindlichkeit) einen der Flüssigkeitsmenge gleichen Raumteil *konz. Schwefelsäure* und *überschichtet* alsdann die *heiße* Mischung mit *Ferrosulfatlösung*, so macht sich an der Berührungsfläche entweder sofort oder nach einiger Zeit eine braune Zone (Verbindung von Stickoxyd: NO, mit Ferrosulfat) bemerkbar.

$$6\,FeSO_4 + 2\,HNO_3 + 3\,H_2SO_4 = 3\,Fe_2(SO_4)_3 + 2\,NO + 4\,H_2O.$$

* b) Mit einem gleichen Raumteil *Brucinlösung* (1 Teil Brucin, 2 Teile verdünnter Schwefelsäure, 100 Teile Wasser) gemischt und mit chemisch reiner *konz. Schwefelsäure* unterschichtet, rufen Nitrate an der Berührungsfläche eine schön rote, bald in gelbrot übergehende Zone hervor.

* c) Mit etwas *Diphenylaminlösung* (1 Teil Diphenylamin in 100 Teilen reiner konz. Schwefelsäure gelöst) versetzt und mit chemisch reiner *konz. Schwefelsäure* unterschichtet, rufen schon Spuren von Nitraten an der Berührungsfläche eine sehr beständige blaue Zone hervor. Chlo-

ride bewirken auch hier eine Empfindlichkeitssteigerung. Andere Oxydationsmittel geben die Reaktion ebenfalls.

* d) Beim Erwärmen der Nitrate mit Natronlauge und Zinkfeile findet Entwicklung von *Ammoniak*: NH_3, statt.

$$NO_3' + 8H = NH_3 + OH' + 2H_2O.$$

e) Mit feingeraspeltem *Zink* gibt Salpetersäure oder mit verdünnter Schwefelsäure angesäuertes Nitrat salpetrige Säure, kenntlich durch die Blaufärbung zugefügter Kaliumjodidstärkelösung (s. unten 7 b).

$$NO_3' + Zn + 2H^. = Zn^{..} + H_2O + NO_2'.$$

f) Die mit Schwefelsäure· stark angesäuerte Nitratlösung · entfärbt *Indigolösung* beim Erwärmen.

g) Mit *Nitronlösung* (1 Teil käufliches Nitron und 9 Teile 5proz. Essigsäure) geben Nitrate eine weiße Fällung von Nitronnitrat, das in langen Nadeln und Nadelbüscheln kristallisiert. Nitrite, Bromide, Jodide, Chlorate und Perchlorate können die Reaktion stören.

h) Auf *Kohle* in der Lötrohrflamme erhitzt, verpuffen die Nitrate.

7. Salpetrige Säure: HNO_2, Nitrite.

Die salpetrige Säure ist eine schwache einbasische Säure, die in wäßriger Lösung die Ionen $H^.$ und NO_2' bildet; sie zerfällt leicht in H_2O und N_2O_3, bzw. dessen weitere Zersetzungsprodukte.

a) Die Nitrite liefern ebenfalls die im vorstehenden angegebenen Nitratreaktionen, nur tritt im Gegensatz zu Salpetersäure die Reaktion a) mit Ferrosulfatlösung schon beim Ansäuern mit verdünnter Essigsäure ein. Reaktion c) mit Brucin wird von völlig nitratfreiem Nitrit nicht gegeben.

* b) *Kaliumjodidstärkelösung* (1 g jodsäurefreien Kaliumjodids, 500 g dünner Stärkelösung) wird in der durch Schwefelsäure angesäuerten Nitritlösung *sofort* oder doch innerhalb einiger Sekunden blau gefärbt.

$$NO_2' + J' + 2H^. = NO + J + H_2O.$$

* c) *Metadiaminobenzollösung* (1 Teil salzsauren Metadiamidobenzols: $C_6H_4(NH_2)_2$ · HCl in 100 Teilen Wasser frisch gelöst) verursacht sofort oder nach wenigen Minuten eine gelbe bis braune Färbung in der mit Schwefelsäure angesäuerten Nitritlösung (Bildung von Bismarck-Braun).

$$2C_6H_8N_2 + HNO_2 = C_{12}H_{13}N_5 + 2H_2O.$$

d) In *schwachsaurer Lösung* werden Nitrite beim Kochen mit überschüssiger Ammoniumchloridlösung oder Harnstoff unter Stickstoffentwicklung zersetzt. (Nachweis von Salpetersäure neben salpetriger Säure.)

$$NH_4^. + NO_2' = N_2 + 2H_2O.$$
$$CO(NH_2)_2 + 2HNO_2 = 2N_2 + CO_2 + 3H_2O.$$

* e) Wäßrige *Antipyrinlösung* gibt mit angesäuerter Nitritlösung eine grüne Färbung von Nitrosoantipyrin.

8. Phosphorsäure: H_3PO_4, Phosphate[1].

Die Phosphorsäure ist in wäßriger Lösung in Wasserstoffionen und H_2PO_4', HPO_4'' und sehr wenig PO_4''' dissoziiert. Diese drei Arten von Anionen stehen miteinander im Gleichgewicht. Bei den Reaktionen der Phosphate kommen nur die dreiwertigen Anionen $(PO_4)'''$ in Betracht.

---

[1] Pyrophosphorsäure: $H_4P_2O_7$, Pyrophosphate; Metaphosphorsäure: HPO_3, Metaphosphate.
Pyro- und Metaphosphorsäure zerfallen durch Wasser in $H^.$-Ionen und in Anionen, deren Reaktionen von denen des Phosphatanions $(PO_4)'''$ abweichen.

* a) *Silbernitrat* erzeugt in *neutralen* Phosphatlösungen einen gelben Niederschlag von *Silberphosphat*: Ag_3PO_4, farblos löslich in Ammoniak und in Salpetersäure (s. Arsenige Säure S. 48).

$$HPO_4'' + 3\,Ag^{\cdot} \rightleftarrows Ag_3PO_4 + H^{\cdot}.$$

b) *Eisenchlorid* fällt in *neutralen* Phosphatlösungen gelblich-weißes *Ferriphosphat*: $FePO_4$, löslich in Salzsäure und in überschüssigem Eisenchlorid, unlöslich in Essigsäure.

$$Fe^{\cdots} + HPO_4'' \rightleftarrows FePO_4 + H^{\cdot}.$$

c) Fast alle Metallsalze mit Ausnahme der Alkalien geben mit *neutralen* Phosphatlösungen Niederschläge, die in Salzsäure und Salpetersäure löslich sind.

* d) *Magnesiumsulfat* ruft in den mit Ammonchloridlösung und Ammoniak versetzten Phosphatlösungen sofort oder nach einiger Zeit eine Fällung von *kristallinischem Ammonium-Magnesiumphosphat*: $Mg(NH_4)PO_4 + 6H_2O$, hervor (s. a. S. 17); der Niederschlag ist in Essigsäure löslich (vgl. Arsensäure).

$$Na_2HPO_4 + NH_4 \cdot OH + MgSO_4 = Mg(NH_4)PO_4 + Na_2SO_4 + H_2O.$$

* e) Salpetersäurehaltige *Ammoniummolybdatlösung* ruft *im Überschuß angewendet* in salpetersäurehaltiger Phosphat- oder Phosphor-

---

a) *Silbernitrat* ruft in der neutralen Lösung der Pyro- und Metaphosphate einen *weißen* Niederschlag hervor, löslich in Ammoniak und in Salpetersäure.

b) Salpetersäurehaltige *Ammoniummolybdatlösung* ruft, im Überschuß angewendet, in Pyro- und Metaphosphatlösungen *zunächst* keine Fällung hervor; letztere tritt erst beim Stehen der Mischung allmählich ein, infolge einer Umwandlung der Pyro- und Metaphosphorsäure in Phosphorsäure.

c) *Eiweißlösung* wird durch *freie* Phosphorsäure und Pyrophosphorsäure *nicht* gefällt, wohl aber durch *freie Metaphosphorsäure*.

d) *Magnesiumsulfat* ruft in der mit Ammonchloridlösung und Ammoniak versetzten, *verdünnten* Lösung der Pyro- und Metaphosphorsäure, bzw. deren Salze, *in der Kälte* keinen Niederschlag hervor.

e) Durch Kochen mit Mineralsäuren, sowie durch Schmelzen mit Soda werden Pyro- und Metaphosphorsäure, sowie deren Salze, in Phosphorsäure bzw. Phosphate verwandelt.

Phosphorige Säure: H_3PO_3, Phosphite; Unterphosphorige
Säure: H_3PO_2, Hypophosphite.

Die *phosphorige Säure* ist eine schwache zweibasische Säure. Sie scheidet aus *Quecksilberchloridlösung* allmählich weißes Quecksilberchlorür: Hg_2Cl_2 (Kalomel), aus *Silbernitratlösung* grauschwarzes metallisches Silber aus. *Kaliumpermanganatlösung* wird durch phosphorige Säure entfärbt.

Bei starkem Erhitzen zerfällt die phosphorige Säure in Phosphorsäure und brennbaren Phosphorwasserstoff.

Die *unterphosphorige Säure* ist eine schwache einbasische Säure, die in ihrer wäßrigen Lösung die Ionen $H^{\cdot}$ und $(H_2PO_2)'$ enthält. Die unterphosphorige Säure und die Hypophosphite verhalten sich ähnlich wie die phosphorige Säure; sie haben ebenfalls stark reduzierende Eigenschaften, doch geben die Hypophosphite in neutraler Lösung mit Bariumchlorid keine Fällung.

Durch Kochen mit Salpetersäure werden die phosphorige und die unterphosphorige Säure in Phosphorsäure verwandelt.

säurelösung *bei gewöhnlicher Temperatur* allmählich einen *gelben*, körnig-kristallinischen Niederschlag von *Ammoniumphosphomolybdat* hervor: $[(NH_4)_3PO_4 + 12\,MoO_3 + 6H_2O]$ (vgl. Arsensäure).

9. Arsenige Säure: H_3AsO_3, bzw. $HAsO_2$, Arsenite.

Die elektrolytische Dissoziation der arsenigen Säure ist nur sehr gering. In wäßriger Lösung verhält sie sich sowohl wie eine schwache dreibasische Säure: H_3AsO_3, als auch wie eine schwache einbasische Säure: $HAsO_2$. Die arsenige Säure zerfällt leicht in H_2O und As_2O_3. Die Alkaliarsenite erleiden durch Wasser eine hydrolytische Spaltung: alkalische Reaktion. Durch starke Säuren werden $As^{\cdots}$-Ionen gebildet.

* a) *Schwefelwasserstoff* ruft in der wäßrigen Lösung der arsenigen Säure und der Arsenite zunächst nur eine gelbe Färbung hervor; ein Zusatz von Salzsäure bewirkt jedoch sofortige Abscheidung von gelbem *Arsensulfid*: As_2S_3[a], unlöslich in Salzsäure, löslich in Ammonium-sulfid[b], Ammoniak[c] und Ammoniumkarbonatlösung[d].

$$\begin{aligned}
\text{a)}\quad & 2H_3AsO_3 + 3H_2S = As_2S_3 + 6H_2O.\\
\text{b)}\quad & As_2S_3 + 3(NH_4)_2S = 2(NH_4)_3AsS_3.\\
\text{c)}\quad & As_2S_3 + 6NH_4\cdot OH = (NH_4)_3AsS_3 + (NH_4)_3AsO_3 + 3H_2O.\\
\text{d)}\quad & As_2S_3 + 3(NH_4)_2CO_3 = (NH_4)_3AsS_3 + (NH_4)_3AsO_3 + 3CO_2.
\end{aligned}$$

Salzsäure scheidet aus diesen Lösungen wieder gelbes Arsensulfid aus.

* b) *Silbernitrat* bewirkt in der wäßrigen Lösung der arsenigen Säure keine Fällung, fügt man aber *vorsichtig* tropfenweise Ammoniak zu, so entsteht ein gelber Niederschlag von *Silberarsenit*: Ag_3AsO_3, der in überschüssigem Ammoniak und in Salpetersäure farblos löslich ist. Beim Überschichten der silbernitrathaltigen Mischung mit verdünntem Ammoniak bildet sich eine gelbe Zone von *Silberarsenit*.

$$HAsO_3'' + 3Ag^{\cdot} \rightleftarrows Ag_3AsO_3 + H^{\cdot}$$

Kocht man die ammoniakalische Lösung des Silberarsenits *längere* Zeit, unter Ersatz des entweichenden Ammoniaks, so findet, unter Abscheidung von metallischem Silber, Bildung von *Arsensäure* statt. Das Filtrat liefert daher nach der Neutralisation mit Salpetersäure mit Silbernitratlösung einen rotbraunen Niederschlag von *Silberarsenat*: Ag_3AsO_4.

c) Erwärmt man eine genügend salzsaure Lösung von Arsentrioxyd oder eines Arsenits auf einem blanken *Kupferbleche*, so entsteht ein grau-schwarzer Fleck von *Kupferarsenid*. Beim Erhitzen des gewaschenen und getrockneten Bleches in einem Glühröhrchen entstehen *Oktaeder* von Arsentrioxyd. (*Reinsch*sche *Reaktion*.)

* d) Wird der Dampf des Arsentrioxyd in einem Glühröhrchen über einen glühenden *Kohlesplitter* getrieben, so bildet sich ein *braunschwarzer* glänzender Spiegel von *Arsen*.

$$As_4O_6 + 6C = As_4 + 6CO.$$

* e) Zink und verdünnte Schwefelsäure erzeugen (im *Marsh*schen Apparate) *Arsenwasserstoff*: AsH_3. Das entweichende, durch Calcium·

chlorid getrocknete Gas verbrennt mit bläulich-weißer Flamme zu Arsentrioxyd[a]. Kühlt man jedoch die Flamme durch Hineinhalten einer Porzellanschale ab, so beschlägt letztere mit einem *braunschwarzen* Flecke von *Arsen*[b], der sich in Natriumhypochloritlösung[c] leicht auflöst (*Unterschied vom Antimon*, s. S. 36).

$$a) \quad 4AsH_3 + 6O_2 = As_4O_6 + 6H_2O.$$
$$b) \quad 4AsH_3 + 3O_2 = 4As + 6H_2O.$$
$$c) \quad 4As + 6NaClO = As_4O_6 + 6NaCl.$$

* f) Kommt der durch *chemisch reines* (S-, As-, Sb- und P-freies) Zink und verdünnte Schwefelsäure (im Reagensglase) erzeugte *Arsenwasserstoff* mit konz. Silbernitratlösung (1 : 1), von der ein Tropfen auf einen Streifen Filtrierpapier gebracht ist, in Berührung, so färbt sich der Tropfen nach kürzerer oder längerer Zeit gelb: $[AsAg_3 + 3AgNO_3]$. Beim Befeuchten des gelben Fleckes mit einem Tropfen Wasser tritt Schwarzfärbung: Ag, ein (GUTZEIT*sche Reaktion*). Quecksilberbromidpapier gibt unter gleichen Bedingungen eine rotbraune Färbung.

$$AsH_3 + 6AgNO_3 = [AsAg_3 + 3AgNO_3] + 3HNO_3$$
$$[AsAg_3 + 3AgNO_3] + 3H_2O = 6Ag + H_3AsO_3 + 3HNO_3.$$

Entwickelt man den Wasserstoff aus alkalischer Lösung (Al + NaOH), so geben nur Arsen-3-Verbindungen Arsenwasserstoff (Unterschied von Arsensäure)

* g) Natriumhypophosphitlösung[1] (3 Vol.) erzeugt in der Lösung der arsenigen Säure oder der Arsenite (1 Vol.), nach viertelstündigem Erhitzen im siedenden Wasserbade, eine Abscheidung von braunen Flocken bzw. eine Braunfärbung (Arsen).

$$As_4O_6 + 6H_3PO_2 = 4As + 6H_3PO_3.$$

* h) BETTENDORFF*sches Reagens*[2] (3 Vol.) ruft in der salzsauren Lösung der arsenigen Säure oder der Arsenite (1 Vol.) nach einstündigem Stehen bei gewöhnlicher Temperatur eine Braunfärbung bzw. eine Abscheidung von braunen Flocken (*Arsen*) hervor

$$As_4O_6 + 12HCl = 4AsCl_3 + 6H_2O$$
$$2AsCl_3 + 3H_2SnCl_4 = 2As + 3H_2SnCl_6.$$

k) Über das Verhalten auf der *Kohle* s. S. 37.

10. Arsensäure: H_3AsO_4, Arsenate.

Die Arsensäure zeigt ein ähnliches Verhalten wie die Phosphorsäure (s. S. 45); ihre Salze sind mit denen der Phosphorsäure isomorph.

* a) *Schwefelwasserstoff* ruft in der Lösung der Arsensäure oder der mit Salzsäure schwach angesäuerten Lösung der Arsenate zunächst

---

[1] Eine Lösung von 20,0 Natriumhypophosphit $(NaH_2PO_2 + H_2O)$ in 40 ccm Wasser läßt man in 180 ccm rauchende Salzsäure einfließen. Nach dem Absetzen gießt man die farblose Lösung von den ausgeschiedenen Kochsalzkristallen klar ab.

[2] Lösung von 5 Teilen Zinnchlorür in 1 Teil Salzsäure, die vollständig mit Chlorwasserstoff gesättigt ist; spez. Gewicht mindestens 1,9.

keinen Niederschlag hervor, erst bei längerem Stehen findet unter Abscheidung von Schwefel eine Reduktion der Arsensäure zu arseniger
Säure statt, die dann rasch als *Arsentrisulfid* gefällt wird. Beim Erwärmen geht ·die Reduktion und Abscheidung von Trisulfid rascher
vor sich.

$$AsO_4''' + H_2S = AsO_3''' + S + H_2O.$$
$$2\,AsO_3''' + 3\,H_2S + 6\,H^{\cdot} = As_2S_3 + 6\,H_2O.$$

Wirkt Schwefelwasserstoff im raschen Strome auf Arsensäure ein,
so entsteht As_2S_5, jedoch ausschließlich nur, wenn die Lösung viel freie
Salzsäure enthält und durch Eis abgekühlt wird.

$$2\,H_3AsO_4 + 10\,HCl = 2\,AsCl_5 + 8\,H_2O$$
$$2\,AsCl_5 + 5\,H_2S = As_2S_5 + 10\,HCl.$$

Leitet man Schwefelwasserstoff in der Wärme in stark salzsaure
Arsensäurelösung oder in die saure Lösung von Arsenaten, so fällt
ein Gemisch von Schwefel, Tri- und Pentasulfid aus.

* b) *Silbernitrat* fällt aus der Lösung *neutraler* Arsenate rotbraunes
Silberarsenat: Ag_3AsO_4, farblos löslich in Ammoniak und in Salpetersäure. Saure Lösungen sind mit verdünntem Ammoniak zu überschichten.

$$HAsO_4'' + 3\,Ag^{\cdot} \rightleftarrows Ag_3AsO_4 + H^{\cdot}.$$

* d) *Magnesiumsulfat* fällt aus ammoniakalischer, Ammoniumchlorid
enthaltender Lösung der Arsensäure oder der Arsenate sofort oder nach
einiger Zeit weißes, *kristallinisches Ammonium-Magnesiumarsenat*:
$Mg(NH_4)AsO_4 + 6H_2O$. Der Niederschlag zeigt die gleichen Kristall-
formen wie Ammonium-Magnesiumphosphat, s. S. 17 u. 45.

$$AsO_4''' + Mg^{\cdot\cdot} + NH_4^{\cdot} = Mg(NH_4)AsO_4.$$

Arsenige Säure oder Arsenite werden hierdurch *nicht* gefällt.

* e) Salpetersäurehaltige *Ammoniummolybdatlösung* ruft *im Überschusse angewendet erst bei gelindem Erwärmen* (40—50°) in salpetersäurehaltiger Arsensäurelösung die Abscheidung eines gelben kristallinischen Niederschlages hervor $[(NH_4)_3AsO_4 + 12MoO_3 + 6H_2O]$. In
der Kälte tritt *keine* Ausscheidung ein (vgl. Phosphorsäure).

f) Auf *Kupferblech*, im Marshschen *Apparate*, bei der Gutzeitschen
Reaktion, gegen Natriumhypophosphitlösung, mit Bettendorffschem
Reagens und auf *Kohle* verhält sich die Arsensäure wie die arsenige Säure.

11. Borsäure: H_3BO_3, Borate.

Die Borsäure ist eine sehr schwache Säure, deren Salze beim Auflösen hydrolytisch gespalten werden: alkalische Reaktion. Die Borsäure bildet unter Wasser-
abspaltung Polyborsäuren, z. B. $H_2B_4O_7$, deren Anion B_4O_7'' bei den wichtigeren
Boraten in Betracht kommt.

* a) Versetzt man feste Borsäure oder Borate (Lösungen sind zuvor
einzudampfen) in einem trockenen Reagensglase mit *Methylalkohol*

(3 Vol.) und *konz. Schwefelsäure* (1 Vol.), erhitzt zum Sieden und entzündet die entweichenden Dämpfe, so erscheint eine grün gefärbte bzw. grüngesäumte Flamme[1], bedingt durch Borsäuremethylester.

* b) Taucht man *Curcumapapier* in die *salzsäurehaltige* Lösung eines Borats oder die der Borsäure, so nimmt es beim Trockenwerden eine braunrote Färbung an. Betupft man dieses trockene, gebräunte Papier mit Ammoniak oder mit verdünnter Natronlauge, so färbt sich diese Stelle grünschwarz. Sodalösung von 5 vH ruft eine blaugrüne Färbung hervor.

Verdampft man die salzsäurehaltige Borsäure- oder Boratlösung, nach Zugabe einer Messerspitze Salicylsäure und 1 bis 2 Tropfen einer alkoholischen Kurkuminlösung (0,1%), im Wasserbade zur Trockene, so ist der Rückstand rot gefärbt. Nach Aufnehmen in wenig Alkohol wird die rosarote bis rote Alkohollösung durch einige Tropfen verd. Ammoniak kornblumenblau gefärbt.

12. Kohlensäure: H_2CO_3, Karbonate.

Die Kohlensäure ist nur eine schwache zweibasische Säure, die sehr leicht zu CO_2 und H_2O zerfällt. In wäßriger Lösung zerfällt sie in geringem Umfange in die Ionen $H^{\cdot}$ und $[HCO_3]'$: der weitere Zerfall des Anions $[HCO_3]'$ in $H^{\cdot}$ und $[CO_3]''$ ist außerordentlich gering.

* *Salzsäure, Salpetersäure* usw. treiben aus den Karbonaten bei gewöhnlicher Temperatur oder beim Erwärmen damit, unter Aufbrausen, *Kohlendioxyd*: CO_2, aus. Das entwickelte Gas ist geruchlos; beim Einleiten in *Kalk-* oder *Barytwasser* oder in Berührung mit einem durch Barytwasser befeuchteten Glasstab, ruft es *sofort* eine weiße Trübung hervor.

$$CaCO_3 + 2\,HCl = CaCl_2 + H_2O + CO_2$$
$$CO_2 + Ba(OH)_2 = BaCO_3 + H_2O.$$

13. Kieselsäure: H_2SiO_3, Silikate.

Die Kieselsäure liefert nur wenig $H^{\cdot}$-Ionen; die in Wasser löslichen Alkalisalze werden daher durch Wasser stark hydrolysiert, so daß die Lösungen stark alkalisch reagieren.

a) Die Lösungen der Alkalisilikate werden durch Säuren und durch Ammoniumchlorid zersetzt. Bei genügender Konzentration oder beim Eindampfen scheidet sich die Kieselsäure als gallertartige Masse ab.

$$Na_2SiO_3 + 2\,HCl = H_2SiO_3 + 2\,NaCl.$$
$$Na_2SiO_3 + 2\,NH_4Cl = H_2SiO_3 + 2\,NaCl + 2\,NH_3.$$

b) *Calcium-, Barium-, Blei-* und *Silbersalze* scheiden aus Alkalisilikatlösungen weiße Metallsilikate ab.

---

[1] Beim Einfüllen in das Reagensglas achte man darauf, daß der obere Rand des Reagensglases frei von der Substanzprobe ist, da sonst eine Grünfärbung der Flamme durch Kupfer oder Thalliumsalze bedingt sein kann.

* c) Bringt man einen Silikatsplitter in die *Phosphorsalzperle* und glüht, so bleibt die Kieselsäure ungelöst (in Form eines Skelettes vom Habitus des Splitters). Feinst gepulverte Silikate eignen sich weniger.

$$CaSiO_3 + NaPO_3 = SiO_2 + NaCaPO_4.$$

* d) Wird eine Probe eines feinst gepulverten Silikates mit der gleichen Menge Flußspat in einem Blei- oder Platintiegel gemischt und mit konz. Schwefelsäure gelinde erwärmt, so entsteht *Siliciumfluorid*, SiF_4, das einen Wassertropfen, der an einem mit Siegellack überzogenen Glasstab hängt, infolge Abscheidung von Kieselsäure trübt. Bei geringen Kieselsäuremengen entsteht nur eine vorübergehende Trübung.

$$CaF_2 + H_2SO_4 = CaSO_4 + 2HF$$
$$SiO_2 + 4HF = SiF_4 + 2H_2O$$
$$3SiF_4 + 3H_2O = 2H_2SiF_6 + H_2SiO_3.$$

* e) Gibt man in einem Blei- oder Platintiegel, den man durch Einstellen in Wasser kühlt, einige Kubikzentimeter konz. Schwefelsäure, fügt einige Tropfen einer kalt gesättigten Kaliumfluoridlösung hinzu und trägt nach Aufhören der Gasentwicklung ein trockenes, fein gepulvertes Silikat oder Siliciumdioxyd ein, so entwickelt sich ein Schaum von Gasblasen (SiF_4). *Schaumprobe.*

* f) Lösliche Silikate (Chromate stören wegen der gelben Eigenfärbung; auch geben sie mit Benzidin Blaufärbung) ergeben mit überschüssiger salpetersaurer Ammonmolybdatlösung beim Erwärmen eine gelbe Lösung. Gleichzeitig vorhandene Phosphorsäure gibt einen gelben Niederschlag, weshalb in diesem Fall die Farbe des klaren Filtrats zu beobachten ist. Ist bei sehr geringen Kieselsäuremengen die Gelbfärbung nur sehr schwach, so versetze man mit etwa einem Drittel Volumen festen Natriumacetats und gebe nach dem Umschütteln Benzidinacetat[1] hinzu. Kieselsäure bewirkt einen blauen Niederschlag oder eine blaue Färbung. Bei Gegenwart von Phosphorsäure ist diese erst vollständig auszufällen und das klare Filtrat zu verwenden.

14. Chlorwasserstoff: HCl, Chloride.

Chlorwasserstoff ist in wäßriger Lösung eine starke einbasische Säure, die in großem Umfange die Ionen H· und Cl′ liefert.

* a) *Silbernitrat* veranlaßt eine *weiße*, käsige, am Licht violett werdende Fällung von *Silberchlorid*: AgCl. Dieser Niederschlag ist unlöslich in Salpetersäure, löslich in Ammoniak-, Ammoniumkarbonat-, Kaliumcyanid- und Natriumthiosulfatlösung (vgl. S. 31).

b) *Mercuronitratlösung* fällt weißes, in verdünnten Säuren unlösliches *Quecksilberchlorür*: Hg_2Cl_2.

$$2Hg· + 2Cl′ = Hg_2Cl_2.$$

---

[1] 0,5 g Benzidin werden in 10 ccm Eisessig gelöst und auf 100 ccm verdünnt.

c) *Bleiacetat* fällt weißes, kristallinisches, in kaltem Wasser schwer lösliches, in viel kochendem Wasser lösliches *Bleichlorid*.

$$Pb^{\cdot\cdot} + 2Cl' = PbCl_2.$$

d) Mit *Mangandioxyd* und *konz. Schwefelsäure* erwärmt, entwickeln die Chloride freies *Chlor*, kenntlich am Geruch und an der Blaufärbung des Kaliumjodidstärkepapieres.

$$MnO_2 + 2NaCl + 3H_2SO_4 = 2NaHSO_4 + MnSO_4 + 2H_2O + 2Cl.$$

e) Mit *Kaliumdichromat* (1 Teil) und *konz. Schwefelsäure* (3 Teile) destilliert, liefern die Chloride (1 Teil) ein dunkel rotbraunes, öliges Destillat von *Chromylchlorid*: CrO_2Cl_2; fügt man zu dem Destillate Ammoniak im Überschusse, so löst sich das Chromylchlorid mit gelber Farbe zu *Ammoniumchromat*: $(NH_4)_2CrO_4$ (Unterschied von den Bromiden s. S. 53f). Bei Gegenwart größerer Mengen von Jodid geht statt Chromylchlorid freies Chlor über. Bei Anwesenheit von Jodid versagt daher die vorstehende Reaktion, ebenso bei Gegenwart von Silber und Quecksilber.

$$4KCl + K_2Cr_2O_7 + 6H_2SO_4 = 2CrO_2Cl_2 + 6KHSO_4 + 3H_2O$$
$$CrO_2Cl_2 + 4NH_4 \cdot OH = (NH_4)_2CrO_4 + 2NH_4Cl + 2H_2O.$$

14. Unterchlorige Säure: HClO, Hypochlorite.

Die unterchlorige Säure ist eine schwache einbasische Säure, die schwächer ist als Kohlensäure.

Die *Hypochlorite* sind gewöhnlich infolge ihrer Bereitungsweise: Einwirkung von Chlor auf basische Hydroxyde, mit den entsprechenden *Chloriden* gemengt, z. B.:

$$Cl_2 + 2NaOH = NaClO + NaCl + H_2O.$$

a) *Silbernitrat* fällt infolge der leichten Zersetzbarkeit des zunächst gebildeten Silberhypochlorits: AgClO, nur *Silberchlorid*.

b) *Bleiacetat* erzeugt zunächst einen weißen Niederschlag von *Bleichlorid*: $PbCl_2$, der jedoch infolge der Bildung von *Bleidioxyd*: PbO_2, bald gelb und schließlich braun wird.

c) *Salzsäure* und andere Säuren entwickeln freies *Chlor*, kenntlich am Geruch und an der Blaufärbung des Kaliumjodidstärkepapiers.

$$NaClO + 2HCl = NaCl + H_2O + Cl_2.$$

d) *Lackmus-* und *Indigolösung* werden allmählich entfärbt.

* e) Aus *Kaliumjodidlösung* wird durch Hypochlorite in *sodaalkalischer* Lösung Jod in Freiheit gesetzt. (Charakteristisch.)

16. Chlorsäure: HClO₃, Chlorate.

Die Chlorsäure ist eine einbasische Säure, welche in wäßriger Lösung die Ionen $H^{\cdot}$ und ClO_3' liefert. Die Chlorationen ClO_3' geben mit Silberionen keinen Niederschlag.

* a) *Silbernitrat* ruft keine Fällung hervor, wird das Chlorat jedoch vorher geglüht[a]) oder in Lösung durch schweflige Säure reduziert[b]), so wird durch das gebildete Chorid Silberchlorid: AgCl, gefällt.

a) $2KClO_3 = 2KCl + 3O_2.$
b) $KClO_3 + 3H_2SO_3 = KCl + 3H_2SO_4.$

b) Durch *Salzsäure* werden die Chlorate, besonders in der Wärme, unter Entwicklung von *Chlor*, zersetzt, kenntlich an der grünlich-gelben Färbung, am Geruch und an der Blaufärbung von Kaliumjodidstärkepapier.

$$KClO_3 + 6HCl = KCl + 3H_2O + 3Cl_2.$$

c) *Konz. Schwefelsäure* löst die festen Chlorate, schon in sehr geringer Menge mit rotbrauner Farbe und unter Bildung von *explosiblem* grüngelbem *Chlordioxydgas.*

$$3KClO_3 + 2H_2SO_4 = 2KHSO_4 + KClO_4 + 2ClO_2 + H_2O.$$

d) Mit der gleichen Menge *Zucker vorsichtig* gemischt, verpuffen die festen Chlorate mit großer Heftigkeit, wenn das Gemisch mit einem Tropfen *konz.Schwefelsäure* befeuchtet wird.

e) Auf glühende *Kohle* gestreut, verpuffen die Chlorate mit Heftigkeit.

f) Im Glühröhrchen erhitzt, entwickeln die Chlorate Sauerstoff, kenntlich an der Wiederentzündung eines glimmenden Hölzchens.

$$2KClO_3 = 2KCl + 3O_2.$$

g) *Lackmus-* und *Indigolösung* werden erst dann durch Chlorate entfärbt, wenn die Lösung mit Salzsäure erwärmt wird.

17. Überchlorsäure: $HClO_4$, Perchlorate.

Die Überchlorsäure ist eine sehr starke, in wäßriger Lösung beständige, einbasische Säure, die gelöst die Ionen $H^{\cdot}$ und ClO_4' liefert. Die Perchlorationen ClO_4' geben mit Silberionen keinen Niederschlag.

a) *Silbernitrat* ruft keine Fällung hervor; wird das Perchlorat jedoch vorher geglüht, so wird durch das hierdurch gebildete Chlorid Silberchlorid AgCl, gefällt.

$$KClO_4 = KCl + 2O_2.$$

b) *Salzsäure*, *schweflige Säure*, *Schwefelwasserstoff* und *Jodwasserstoff* wirken auf die Überchlorsäure und die Perchlorate nicht ein.

c) *Konz. Schwefelsäure* löst die festen Perchlorate ohne Färbung (Unterschied von den Chloraten).

d) Im Glühröhrchen stark erhitzt, entwickeln die Perchlorate Sauerstoff, kenntlich an der Wiederentzündung eines glimmenden Hölzchens.

* e) *Kaliumsalze* rufen in der nicht zu verdünnten Lösung der Überchlorsäure einen kristallinischen, in der Hitze löslichen Niederschlag von *Kaliumperchlorat*: $KClO_4$, hervor.

$$ClO_4' + K^{\cdot} = KClO_4.$$

* f) *Methylenblaulösung* von 0,5 vH bewirkt in verdünnter Perchloratlösung nach einiger Zeit eine kristallinische, violett gefärbte, bronzeglänzende Fällung von Methylenblauperchlorat (Unterschied von den Chloraten). *Jodide* und *Persulfate* zeigen ein ähnliches Verhalten.

g) Auf Kohle erhitzt, verpuffen die Perchlorate.

18. Bromwasserstoff: HBr, Bromide.

Die Bromwasserstoffsäure ist eine starke einbasische Säure, die in wäßriger Lösung die Ionen $H^{\cdot}$ und Br' in beträchtlichem Umfang enthält.

* a) *Silbernitrat* fällt *gelbliches*, in Salpetersäure unlösliches, in Ammoniak *schwerer* als Silberchlorid lösliches *Silberbromid*; von Ammo-

niumkarbonatlösung wird das Silberbromid sehr wenig, von Natrium-
thiosulfat- und Kaliumcyanidlösung leicht gelöst (vgl. S. 31 u. 50).

$$Br' + Ag^{\cdot} = AgBr.$$

b) *Mercuronitrat* scheidet gelblichweißes *Mercurobromid*: Hg_2Br_2, aus.

$$2Br' + 2Hg^{\cdot} = Hg_2Br_2.$$

c) *Bleiacetat* fällt weißes, kristallinisches, in Wasser sehr schwer lösliches
Bleibromid: $PbBr_2$.

$$2Br' + Pb^{\cdot\cdot} = PbBr_2.$$

* d) *Chlorwasser* scheidet aus Bromiden freies *Brom* aus, das sich in
Schwefelkohlenstoff oder Chloroform mit braunroter Farbe löst. Ein
Überschuß des Chlorwassers verwandelt das Brom in weingelbes *Chlor-
brom* (BrCl).

$$2Br' + Cl_2 = Br_2 + 2Cl'.$$

e) *Mangandioxyd* und *konz. Schwefelsäure*, ebenso *konz. Salpetersäure* oder
konz. Schwefelsäure machen aus den Bromiden *Brom* frei, kenntlich am Geruch,
der braunen Farbe und an der Bläuung von Kaliumjodidstärkepapier.

$$MnO_2 + 2Br' + 4H^{\cdot} = Mn^{\cdot\cdot} + Br_2 + 2H_2O$$
$$2KBr + 3H_2SO_4 = Br_2 + 2KHSO_4 + SO_2 + 2H_2O.$$

f) Mit *Kaliumdichromat* und *konz. Schwefelsäure* destilliert, liefern die Bromide
ein braunes *chromfreies* Destillat von *Brom*; auf Zusatz von Ammoniak verschwindet daher die Färbung (vgl. 14e, S. 51).

$$6Br' + Cr_2O_7'' + 14H^{\cdot} = 6Br + 2Cr^{\cdot\cdot\cdot} + 7H_2O$$
$$3Br_2 + 8NH_3 = 6Br' + 6NH_4^{\cdot} + N_2.$$

19. Bromsäure: $HBrO_3$, Bromate.

Die Bromsäure ist eine einbasische, in wäßriger Lösung die Ionen $H^{\cdot}$ und
BrO_3' liefernde Säure.

a) *Silbernitrat* scheidet weißes, in Salpetersäure schwer, in Ammoniak leicht
lösliches *Silberbromat*: $AgBrO_3$, ab.

b) *Mercuronitrat* erzeugt sofort einen weißen Niederschlag, wogegen *Bariumchlorid* und *Bleiacetat* nur in konz. Bromatlösung, und zwar erst nach längerem
Stehen, eine kristallinische Abscheidung hervorrufen.

c) Verdünnte Säuren scheiden aus Bromatlösung bei Gegenwart von Bromiden
Brom aus.

$$BrO_3' + 5Br' + 6H^{\cdot} = 3Br_2 + 3H_2O.$$

* d) Reduktionsmittel, z. B. *Schwefelwasserstoff* oder *schweflige Säure* in saurer
Lösung, führen in Bromide über.

$$BrO_3' + 3H_2S = Br' + 3H_2O + 3S.$$

e) Beim Glühen liefern die Bromate im allgemeinen Bromid und Sauerstoff.

$$2KBrO_3 = 2KBr + 3O_2.$$

f) Auf der Kohle erhitzt, verpuffen die Bromate.

20. Jodwasserstoff: HJ, Jodide.

Die Jodwasserstoffsäure ist eine starke einbasische Säure, die in wäßriger
Lösung die Ionen $H^{\cdot}$ und J' in beträchtlichem Umfange enthält. Sie ist ein kräf-
tiges Reduktionsmittel, da sie leicht Wasserstoff abgibt unter Abscheidung von
Jod. Aus diesem Grund ist auch die wäßrige Lösung meist braun gefärbt.

* a) *Silbernitrat* scheidet *gelbes*, in Salpetersäure, in Ammoniak und in Ammoniumkarbonatlösung *unlösliches*, in Natriumthiosulfat- und in Kaliumcyanidlösung lösliches (vgl. S. 50) *Silberjodid*: AgJ, ab.

$$J' + Ag\cdot = AgJ.$$

b) *Mercuronitratlösung* fällt grüngelbes, in überschüssiger Kaliumjodidlösung unter Abscheidung von Quecksilber farblos lösliches *Mercurojodid*: Hg_2J_2 (vgl. S. 30).

c) *Quecksilberchlorid* scheidet scharlachrotes, in einem Überschusse von Kaliumjodid- und von Quecksilberchloridlösung farblos lösliches *Quecksilberjodid*: HgJ_2, ab, s. S. 29.

d) *Bleiacetat* fällt gelbes *Bleijodid*: PbJ_2.

$$Pb\cdot\cdot + 2J' = PbJ_2.$$

* e) *Chlorwasser* gibt Jodausscheidung, in Schwefelkohlenstoff oder Chloroform mit violetter Farbe löslich.

$$2J' + Cl_2 = 2Cl' + J_2.$$

Durch einen Überschuß von Chlorwasser wird die violette Lösung entfärbt infolge Oxydation des Jods zu farbloser Jodsäure.

$$J_2 + 6H_2O + 5Cl_2 = 10HCl + 2HJO_3.$$

f) Viele Oxydationsmittel, z. B. Wasserstoffsuperoxyd, Nitrite, Bromwasser, höhere Manganoxyde, Chromate, konz. Salpetersäure, konz. Schwefelsäure, Kupfersalze, scheiden aus Jodiden Jod ab.

g) *Ferrisalze* scheiden aus angesäuerter Lösung der Jodide zum Unterschied zu den Bromiden *Jod* ab (Blaufärbung von Stärkelösung oder Violettfärbung von Chloroform).

$$J' + Fe\cdots = Fe\cdot\cdot + J.$$

* h) *Palladiumchlorür* erzeugt einen schwarzen Niederschlag von *Palladiumjodür*: PdJ_2 (Unterschied von Bromid und Jodid).

$$Pd\cdot\cdot + 2J' = PdJ_2.$$

21. Jodsäure: HJO_3, Jodate.

Die Jodsäure ist eine einbasische, in wäßriger Lösung die Ionen $H\cdot$ und JO_3' liefernde Säure. Bemerkenswert ist ihre Stabilität gegen konz. Schwefelsäure.

* a) *Silbernitrat* scheidet weißes, in Salpetersäure schwer, in Ammoniak leicht lösliches *Silberjodat*: $AgJO_3$, ab.

$$JO_3' + Ag\cdot = AgJO_3.$$

b) *Bariumchlorid, Bleiacetat* und *Mercuronitrat* erzeugen weiße, in Wasser wenig lösliche Niederschläge.

* c) *Schwefelwasserstoff* und *schweflige Säure* scheiden, in *geringer Menge* der Lösung der Jodsäure oder der angesäuerten Lösung der Jodate zugesetzt, *Jod* ab; auf Zusatz eines Überschusses dieser Reduktionsmittel verschwindet das abgeschiedene Jod wieder (vgl. 3, a, S. 41).

$$2HJO_3 + 5H_2S = 2J + 6H_2O + 5S.$$

d) Bei der Gegenwart von *Kaliumjodid* wird durch Zusatz von verdünnten starken und schwachen Säuren *Jod* abgeschieden: Braunfärbung; Blaufärbung auf Zusatz von Stärkelösung.

$$JO_3' + 5J' + 6H\cdot = 6J + 3H_2O.$$

e) Beim Glühen zerfallen die Jodate in Jodid und Sauerstoff oder in Metalloxyd, Sauerstoff und Jod; die freie Jodsäure zerfällt hierbei in Jod und Sauerstoff.

$$2KJO_3 = 2KJ + 3O_2$$
$$2Pb(JO_3)_2 = 2PbO + 2J_2 + 5O_2.$$

f) Auf Kohle erhitzt, verpuffen die Jodate.

22. Fluorwasserstoff: HF, Fluoride.

Die Fluorwasserstoffsäure: HF, ist eine mäßig starke Säure, in deren wäßriger Lösung ein Gleichgewicht besteht nach $2HF \rightleftarrows H_2F_2$, so daß darin die Ionen HF_2', F_2'' und F' neben $H\cdot$-Ionen auftreten können.

a) *Silbernitrat* liefert mit löslichen Fluoriden *keinen* Niederschlag.

b) *Bleiacetat* fällt weißes, in Salpetersäure lösliches *Bleifluorid*: PbF_2.

$$2F' + Pb\cdot\cdot = PbF_2.$$

* c) *Bariumchlorid* fällt weißes, in Salzsäure nur mäßig lösliches *Bariumfluorid*: BaF_2; *Calciumchlorid* scheidet gallertartiges, in verdünnten Mineralsäuren schwierig lösliches *Calciumfluorid*: CaF_2, ab.

$$2F' + Ca\cdot\cdot = CaF_2.$$

* d) Beim Erwärmen von Fluoriden in einem Blei- oder Platintiegel mit konz. Schwefelsäure entwickelt sich Fluorwasserstoff, der eine aufliegende Glasplatte ätzt. Ist Kieselsäure zugegen, so entsteht gasförmiges SiF_4, das nicht mehr ätzen kann.

Nimmt man die Erhitzung von Fluoriden mit konz. Schwefelsäure im Reagensglas vor, so zeigt die Schwefelsäure nach dem Schütteln Tröpfchenbildung an der Glaswand (charakteristisch). Die entwickelten Gasblasen (SiF_4) zeigen Ähnlichkeit mit Öltropfen und können Glas nicht mehr ätzen. Hält man aber dicht über die Schwefelsäure einen mit Wasser befeuchteten Glasstab[1], so findet eine Abscheidung von gallertartiger *Kieselsäure* statt.

$$CaF_2 + H_2SO_4 = CaSO_4 + 2HF$$
$$SiO_2 + 4HF = SiF_4 + 2H_2O$$
$$3SiF_4 + 3H_2O = 2H_2SiF_6 + H_2SiO_3.$$

23. Cyanwasserstoff: HCN, Cyanide.

Der Cyanwasserstoff und die Cyanide bilden in wäßriger Lösung einwertige Anionen CN', die in ihrem Verhalten, namentlich gegen Silberionen, viel Ähnlichkeit mit dem der Halogene zeigen. Cyanwasserstoff ist eine sehr schwache Säure, schwächer als Kohlensäure.

---

[1] Zweckmäßig wird der Glasstab mit Siegellack überzogen.

Säuren entwickeln aus der Mehrzahl der Cyanide schon bei gewöhnlicher Temperatur Cyanwasserstoff, der sich durch den bittermandelölartigen Geruch kennzeichnet. Einige komplexe Cyanide, wie z. B. Quecksilbercyanid, werden erst beim Kochen mit Salzsäure unter Cyanwasserstoffentwicklung zersetzt.

* a) *Silbernitrat* fällt weißes, käsiges Silbercyanid: AgCN[a], das unlöslich in Wasser und Salpetersäure, löslich in Ammoniak[b], Kaliumcyanid[c] und Natriumthiosulfatlösung[d], sowie in einem kochenden Gemische gleicher Raumteile konz. Schwefelsäure und Wasser[e] ist.

$$a) \qquad Ag\cdot + CN' = AgCN$$
$$b) \qquad AgCN + 2\,NH_3 = [(NH_3)_2Ag]CN$$
$$c) \qquad AgCN + KCN = K[Ag(CN)_2]$$
$$d) \quad AgCN + Na_2S_2O_3 = Na[AgS_2O_3] + NaCN$$
$$e) \quad 2\,AgCN + H_2SO_4 = Ag_2SO_4 + 2\,HCN.$$

b) *Mercuronitrat* scheidet, besonders in der Wärme, graues *Quecksilber* ab.

$$2\,Hg\cdot + 2\,CN' = Hg + Hg(CN)_2.$$

c) *Bleiacetat* fällt weißes, in Salpetersäure lösliches *Bleicyanid*: $Pb(CN)_2$.

* d) Fügt man zu einer cyanwasserstoffhaltigen oder cyanidhaltigen Lösung zunächst Natronlauge, dann Ferrosulfatlösung, hierauf, nach gelindem Erwärmen, etwas Eisenchlorid und endlich Salzsäure im Überschusse, so verbleibt ein blauer Niederschlag von *Berlinerblau*: $Fe_7(CN)_{18}$. Bei geringen Mengen entsteht nur eine Grünfärbung.

$$6\,CN' + Fe\cdot\cdot = [Fe(CN)_6]''''$$
$$3\,[Fe(CN)_6]'''' + 4\,Fe\cdot\cdot\cdot = Fe_4[Fe(CN)_6]_3.$$

* e) Mit *gelbem Ammoniumsulfid* im Wasserbade eingedampft, liefern die Cyanide *Rhodanide*; letztere kennzeichnen sich durch die blutrote Färbung, die Ferrisalze in der mit Salzsäure angesäuerten Lösung des Verdampfungsrückstandes hervorrufen.

$$KCN + (NH_4)_2S_2 = KSCN + (NH_4)_2S.$$
$$3\,KSCN + FeCl_3 = Fe(SCN)_3 + 3\,KCl.$$

* f) Spuren von *freier Cyanwasserstoffsäure* lassen sich durch Kupferacetat-Benzidinacetatpapier[1] nachweisen, das sich durch gasförmigen Cyanwasserstoff sofort oder nach kurzer Zeit blau färbt (sehr empfindlich).

---

[1] Man bereite sich Kupferacetatlösung: 2,86 g Kupferacetat auf 1000 ccm, und Benzidinacetatlösung: 475 ccm gesättigte Benzidinacetatlösung aufgefüllt auf 1000 ccm, und bewahre beide Lösungen getrennt auf. Bei Bedarf werden gleiche Mengen beider Lösungen gemischt und mit dieser Mischung Filtrierpapier getränkt. Das Papier ist jedesmal frisch zu bereiten.

24. Ferrocyanwasserstoff: $H_4[Fe(CN)_6]$, Ferrocyanide.

Der Ferrocyanwasserstoff und die wasserlöslichen Ferrocyanide bilden in wäßriger Lösung gelbgefärbte, vierwertige komplexe Ionen $[Fe(CN)_6]''''$. Sie sind verhältnismäßig stabil, zersetzen sich jedoch bei längerem Kochen mit Mineralsäuren unter Bildung von Cyanwasserstoff.

* a) *Silbernitrat* fällt weißes, in verdünnter Salpetersäure unlösliches, in Ammoniak schwer lösliches, in Kaliumcyanid leicht lösliches *Silberferrocyanid*: $Ag_4[Fe(CN)_6]$. Auch in einem siedenden Gemisch gleicher Raumteile konz. Schwefelsäure und Wasser ist das Silberferrocyanid löslich.

$$4Ag^{\cdot} + [Fe(CN)_6]'''' = Ag_4[Fe(CN)_6].$$

b) *Bleiacetat* scheidet weißes *Bleiferrocyanid*: $Pb_2[Fe(CN)_6]$, das in verdünnter Salpetersäure unlöslich ist, ab.

c) *Kupfersulfat* fällt rotbraunes, in Salzsäure unlösliches *Kupferferrocyanid*: $Cu_2[Fe(CN)_6]$.

* d) *Ferrisalze* scheiden *Berlinerblau*: $Fe_4[Fe(CN)_6]_3$, ab (s. S. 24).

e) *Ferrosalze* rufen, wenn sie frei von Ferrisalzen sind, einen weißen, jedoch sich bald blaufärbenden Niederschlag hervor: $FeK_2[Fe(CN)_6]$ bzw. $Fe_2[Fe(CN)_6]$.

25. Ferricyanwasserstoff: $H_3[Fe(CN)_6]$, Ferricyanide.

Der Ferricyanwasserstoff und die wasserlöslichen Ferricyanide bilden in wäßriger Lösung rotgelb gefärbte, dreiwertige komplexe Ionen $[Fe(CN)_6]'''$.

* a) *Silbernitrat* fällt braungelbes, in verdünnter Salpetersäure unlösliches, in Ammoniak- und in Kaliumcyanidlösung, sowie in einem siedenden Gemisch gleicher Raumteile konz. Schwefelsäure und Wasser lösliches *Silberferricyanid*: $Ag_3[Fe(CN)_6]$.

$$3Ag^{\cdot} + [Fe(CN)_6]''' = Ag_3[Fe(CN)_6].$$

b) *Bleiacetat* ruft keine Fällung hervor; auf Zusatz von Ammoniak findet Abscheidung von gelbbraunem *basischem Bleiferricyanid* statt.

c) *Kupfersulfat* fällt grüngelbes *Kupferferricyanid*: $Cu_3[Fe(CN)_6]_2$.

* d) *Ferrosalze* scheiden *Turnbullsblau* ab (vgl S. 24); *Ferrisalze* verursachen nur eine braunrote Färbung.

26. Rhodanwasserstoff: NCSH, Rhodanide.

Der Rhodanwasserstoff und die wasserlöslichen Rhodanide bilden in wäßriger Lösung farblose einwertige Ionen NCS'.

* a) *Silbernitrat* fällt weißes, in verdünnter Salpetersäure unlösliches, in Ammoniak schwer lösliches *Silberrhodanid*: AgSCN.

$$NCS' + Ag^{\cdot} = AgSCN.$$

In einem kochenden Gemisch gleicher Raumteile konz. Schwefelsäure und Wasser ist das Silberrhodanid löslich.

b) *Bleiacetat* fällt weißes *Bleirhodanid*: $Pb(SCN)_2$.

$$2NCS' + Pb^{..} = Pb(SCN)_2.$$

* c) *Ferrisalze* bewirken eine blutrote, durch verdünnte Mineralsäure nicht verschwindende, meist beim Schütteln mit Äther in letzteren übergehende Färbung: sehr komplex zusammengesetzte Verbindungen (s. S. 25e).

d) *Ferrosalze* rufen, wenn sie frei von Ferrisalzen sind, keine Färbung hervor.

e) *Kupfersulfatlösung* bewirkt eine allmähliche Abscheidung von schwarzem *Kupferrhodanid* $Cu(SCN)_2$, das beim Erwärmen mit schwefliger Säure in weißes Kuprorhodanid übergeht. Kupfersulfatlösung mit schwefliger Säure fällt sofort weißes *Kuprorhodanid*

$$SCN' + Cu^{.} = CuSCN.$$

27. Chromsäure: H_2CrO_4, Chromate.

Die Chromsäure und die wasserlöslichen Chromate bilden in wäßriger Lösung zweiwertige, gelb gefärbte *Chromationen* CrO_4'' und zweiwertige, rotgelb gefärbte *Dichromationen* Cr_2O_7''. Die Dichromationen gehen bei vielen Reaktionen unter dem Einflusse des Wassers in Chromationen über.

* a) *Silbernitrat* fällt rotes *Silberchromat*: Ag_2CrO_4, löslich in Ammoniak und in *erwärmter* Salpetersäure.

$$CrO_4'' + 2Ag^{.} = Ag_2CrO_4.$$

* b) *Bleiacetat* scheidet gelbes, in Salpetersäure und in Natronlauge lösliches, in Essigsäure unlösliches *Bleichromat*: $PbCrO_4$, ab. Mit *Kalkwasser* gekocht, nimmt dieser Niederschlag infolge der Bildung von *Basisch-Bleichromat* eine rote Färbung an.

$$Pb^{..} + CrO_4'' = PbCrO_4$$
$$PbCrO_4 + 4NaOH = Pb(ONa)_2 + Na_2CrO_4 + 2H_2O.$$

* c) *Bariumchlorid* fällt gelbes *Bariumchromat*: $BaCrO_4$, unlöslich in Natronlauge und in Essigsäure, löslich in Salzsäure und Salpetersäure.

d) *Mercuronitrat* scheidet ziegelrotes, in erwärmter Salpetersäure lösliches *Mercurochromat*: Hg_2CrO_4, ab.

e) Mit *konz. Salzsäure* erhitzt, entwickeln die Chromate *Chlor*; gleichzeitig entsteht eine Lösung von *Chromichlorid*: $CrCl_3$.

$$K_2Cr_2O_7 + 14HCl = 6Cl + 2CrCl_3 + 2KCl + 7H_2O.$$

* f) *Wasserstoffsuperoxyd* ruft, im Überschuß angewendet, in sehr *verdünnter* Chromsäurelösung oder Chromatlösung, die mit Schwefelsäure angesäuert ist, eine tief blaue Färbung hervor; beim Schütteln mit Äther wird letzterer intensiv blau gefärbt.

g) *Schwefelwasserstoff* reduziert die mit Salzsäure versetzte Chromatlösung unter Abscheidung von Schwefel zu grün gefärbtem *Chromisalz*.

$$2K_2CrO_4 + 3H_2S + 10HCl = 2CrCl_3 + 4KCl + 3S + 8H_2O.$$

h) *Alkohol* und *verdünnte Schwefelsäure* oder *Salzsäure* reduzieren beim Kochen die Chromate unter Grünfärbung zu *Chromisalzen*. In gleicher Weise wirken *schweflige Säure, Oxalsäure, Weinsäure, Zucker* usw.

$$K_2Cr_2O_7 + 4H_2SO_4 + 3C_2H_6O = 2KCr(SO_4)_2 + 3C_2H_4O + 7H_2O.$$

* i) Angesäuerte Chromatlösungen geben mit Diphenylcarbazidlösung (s. S. 17) eine blauviolette Färbung.

k) Vor dem Lötrohre und in der *Phosphorsalzperle* zeigen die Chromate die Reaktionen der Chromisalze (s. S. 20).

28. Ameisensäure: HCOOH, Formiate.

* a) *Quecksilberchlorid* ruft besonders bei Gegenwart von Natriumacetat beim Erwärmen eine weiße Trübung von ausgeschiedenem *Quecksilberchlorür* hervor.

b) Fein verteiltes *gelbes Quecksilberoxyd* wird beim Erwärmen unter Kohlendioxydentwicklung grau gefärbt (Ausscheidung von Quecksilber).

c) *Silbernitrat* wird beim Erwärmen geschwärzt.

d) Versetzt man eine Lösung von Ameisensäure mit 0,2 g Resorcin und unterschichtet mit 5 ccm konz. Schwefelsäure, so entsteht oberhalb der Schwefelsäureschicht ein orangefarbener Ring (s. auch Weinsäure und Oxalsäure).

* e) Versetzt man 10 ccm einer verdünnten Ameisensäurelösung mit 5 ccm 25 proz. Salzsäure und gibt unter Abkühlung 0,4 g Magnesiumspäne in kleinen Anteilen hinzu, so entsteht Formaldehyd. Nach 2 stündiger Einwirkung des Magnesiums destilliert man 5 ccm ab, versetzt das Destillat mit 2 ccm Milch und 7 ccm 25 proz. Salzsäure, die auf 100 ccm 0,2 ccm einer 10 proz. Eisenchloridlösung enthält, und erhitzt 1 Minute lang zum Sieden.

War Ameisensäure vorhanden, so färbt sich die Mischung violett.

29. Essigsäure: CH_3COOH, Acetate.

Die Essigsäure ist, wie alle Fettsäuren, eine schwache Säure, die Acetationen CH_3COO' in mäßigem Umfang liefert.

a) *Silbernitrat* ruft nur in *konzentrierter* Lösung der Essigsäure und der Acetate eine weiße, kristallinische Fällung von *Silberacetat*: CH_3COOAg, hervor; letzteres ist in viel Wasser löslich.

$$Ag + CH_3COO' = CH_3COOAg.$$

b) *Eisenchlorid* ruft in der Lösung der *neutralen* Acetate eine dunkelrote Färbung hervor, die auf Zusatz von Salzsäure verschwindet. Beim Kochen wird die dunkelrote Lösung entfärbt, indem sich *Basisch-Ferriacetat* als braunroter Niederschlag ausscheidet (s. S. 25f).

c) Mit *konz. Schwefelsäure* und *etwas Alkohol* erwärmt, entwickelt sich aus den Acetaten der Geruch nach *Essigester*: $CH_3COOC_2H_5$. Wenig eindeutig.

$$C_2H_5 \cdot OH + H_2SO_4 = C_2H_5 \cdot HSO_4 + H_2O$$
$$C_2H_5 \cdot HSO_4 + CH_3COONa = CH_3COOC_2H_5 + NaHSO_4.$$

* d) Mit *verdünnter Schwefelsäure* gelinde erwärmt oder mit *Kaliumbisulfat* im Mörser verrieben, entwickeln die Acetate den Geruch nach *Essigsäure*:

$$CH_3COONa + H_2SO_4 = C_2H_4O_2 + NaHSO_4$$
$$CH_3COONa + KHSO_4 = C_2H_4O_2 + KNaSO_4.$$

e) *Arsentrioxyd* mit *vollständig entwässertem* Acetat und etwas wasserfreiem Natriumkarbonat im Glühröhrchen erhitzt, erzeugt *giftiges Kakodyloxyd* (Tetramethyldiarsinoxyd): $As_2(CH_3)_4O$, kenntlich an dem heftigen, unangenehmen Geruche.

f) Beim Glühen von Mischungen fester Acetate mit Natriumkarbonat im Glühröhrchen, das durch ein mit o-Nitrobenzaldehydlösung[1] getränktes Filtrierpapier lose verschlossen ist, färbt sich das Papier blaugrün bis blauschwarz und zeigt beim Einlegen in verd. Salzsäure blaue Flecken (Bildung von Indigo).

Beim Glühen zerfallen Acetate in der Hauptsache in Aceton: CH_3COCH_3 und Karbonat, bzw. Metalloxyd und CO_2, zum Teil auch in Essigsäure und Metall. Eine Abscheidung von Kohle tritt hierbei nicht oder nur unbedeutend auf.

30. Oxalsäure: $C_2H_2O_4$, Oxalate.

Die mittelstarke Oxalsäure und die wasserlöslichen Oxalate bilden in wäßriger Lösung ein- und zweiwertige Anionen $[C_2HO_4]'$ bzw. $[C_2O_4]''$. Die Oxalsäure zeigt, namentlich mit drei- und mehrwertigen Metallen, große Neigung zur Komplexbildung.

* a) *Lösliche Calciumsalze* fällen aus wäßriger, essigsaurer oder ammoniakalischer Lösung der Oxalsäure und der Oxalate weißes *Calciumoxalat*: $C_2O_4Ca + H_2O$, löslich in Salzsäure und Salpetersäure, unlöslich in Essigsäure und in Ammoniumsalzlösung.

$$C_2O_{4]}'' + Ca\cdot\cdot = C_2O_4Ca.$$

* b) *Kaliumpermanganat* wird von der Lösung der Oxalate in verdünnter Schwefelsäure bei 60–70° entfärbt unter Bildung von Kohlendioxyd.

$$5C_2O_4H_2 + 2\,KMnO_4 + 3H_2SO_4 = K_2SO_4 + 2MnSO_4 + 8H_2O + 10CO_2.$$

c) Die meisten Metallsalze liefern mit Oxalsäure und den Oxalaten Niederschläge, die in stärkeren Mineralsäuren löslich sind.

d) Versetzt man eine Lösung von Oxalsäure mit 0,2 g *Resorcin* und unterschichtet mit *konz. Schwefelsäure*, so entsteht nach einigen Minuten oberhalb der Berührungsfläche beider Flüssigkeiten ein blauer Ring, der sich beim Erwärmen auf 60° verstärkt.

e) Durch *konz. Schwefelsäure* werden Oxalsäure und die Oxalate in der Wärme unter Entwicklung von Kohlendioxyd und brennbarem Kohlenoxyd, ohne Schwärzung ersetzt.

$$C_2H_2O_4 + H_2SO_4 = [H_2SO_4 + H_2O] + CO_2 + CO.$$

f) Beim Glühen werden die Oxalate unter Entwicklung von Kohlenoxyd, meist ohne erhebliche Schwärzung, in Karbonate verwandelt; einige Oxalate hinterlassen hierbei auch Metalloxyd oder Metall als Rückstand.

31. Weinsäure: $C_4H_6O_6$, Tartrate.

Die Weinsäure und die Tartrate bilden in wäßriger Lösung ein- und zweiwertige Anionen $[C_4H_5O_6]'$ bzw. $[C_4H_4O_6]''$. Sie bildet sehr stabile Komplexe besonders mit Kupfer, Eisen, Chrom und Aluminium. Die Gegenwart dieser Metalle kann daher die angeführten Fällungsreaktionen hindern.

a) *Lösliche Calciumsalze* verursachen in Weinsäurelösung keine Fällung; sie tritt jedoch ein, sobald die Weinsäure durch eine Base, z. B. Ammoniak, gesättigt

---

[1] Eine erbsengroße Menge o-Nitrobenzaldehyd wird mit einigen ccm alter etwa 2 n Natronlauge unter öfterem Schütteln mehrere Minuten stehen gelassen.

wird. Die löslichen Tartrate geben daher mit Calciumsalzen direkt Fällungen von weißem *Calciumtartrat*: $C_4H_4O_6Ca$. Das Calciumtartrat ist fast unlöslich in Wasser, im *amorphen* Zustande dagegen löslich in Essigsäure, Ammoniumchloridlösung, sowie kohlensäurefreier Kali- und Natronlauge.

$$C_4H_4O_6K_2 + CaCl_2 = C_4H_4O_6Ca + 2KCl.$$

b) *Kalkwasser* scheidet, wenn *überschüssig* zugesetzt, schon bei gewöhnlicher Temperatur *Calciumnitrat*: $C_4H_4O_6Ca$, ab.

* c) *Kaliumacetatlösung*, scheidet aus Weinsäurelösung oder aus der mit Essigsäure angesäuerten Lösung eines Tartrats sofort oder nach einiger Zeit weißes, kristallinisches *Kaliumbitartrat*: $C_4H_5O_6K$, ab. In sehr verdünnten Lösungen tritt keine Fällung ein; Reiben der Gefäßwände, sowie Zusatz von Alkohol, befördern die Abscheidung.

d) *Bleiacetat* fällt weißes, in Salpetersäure und in Ammoniak lösliches *Bleitartrat*: $C_4H_4O_6Pb$.

$$C_4H_4O_6K_2 + (C_2H_3O_2)_2Pb = C_4H_4O_6Pb + 2C_2H_3O_2K.$$

e) *Silbernitrat* scheidet aus der Lösung der Tartrate, nicht dagegen aus der der freien Weinsäure, weißes, in Salpetersäure und in Ammoniak lösliches *Silbertartrat*: $C_4H_4O_6Ag_2$, ab. Filtriert man den Silberniederschlag ab, löst ihn in möglichst wenig Ammoniak und stellt das Reagensglas in ein siedendes Wasserbad, so scheidet sich metallisches Silber, oft in Form eines Spiegels, ab.

f) Beim Erhitzen verkohlen Weinsäure und die Tartrate, unter Entwicklung eines charakteristischen Geruches nach Karamel.

* g) Versetzt man eine weinsäurehaltige Lösung mit 0,2 g *Resorcin* und unterschichtet mit 5 ccm *konz. Schwefelsäure*, so tritt beim vorsichtigen Erwärmen der *Schwefelsäure* etwas unterhalb der Berührungsfläche eine violettrote Färbung auf, die bei weiterem Erhitzen auf die gesamte konz. Schwefelsäure übergreift; Ameisensäure und Oxalsäure liefern ebenfalls Farbringe. Bei gleichzeitiger Anwesenheit von Ameisensäure und Oxalsäure liegen die entstehenden Farbringe oberhalb des Weinsäureringes in der wäßrigen Schicht, und zwar zuoberst der orangefarbene Ring der Ameisensäure, darunter der blaue Ring der Oxalsäure. Die Gegenwart von *Nitrat, Nitrit, Bromid,* Jodid, Thiosulfat und von oxydierenden Stoffen stört die Reaktion.

Über den Nachweis einiger anderer organischen Säuren s. S. 99 u. f.

Methode der qualitativen Untersuchung von Substanzen,

in welchen enthalten sind:

<table>
<tr><td>Wasser,</td><td>Gold,</td></tr>
<tr><td>Kalium,</td><td>Schwefel,</td></tr>
<tr><td>Natrium,</td><td>Schwefelsäure,</td></tr>
<tr><td>Lithium,</td><td>Salpetersäure,</td></tr>
<tr><td>Ammonium,</td><td>Phosphorsäure,</td></tr>
<tr><td>Calcium,</td><td>Borsäure,</td></tr>
<tr><td>Barium,</td><td>Kohlensäure,</td></tr>
<tr><td>Strontium,</td><td>Kieselsäure,</td></tr>
<tr><td>Magnesium,</td><td>Chlorwasserstoff,</td></tr>
<tr><td>Kobalt,</td><td>Bromwasserstoff,</td></tr>
<tr><td>Nickel,</td><td>Jodwasserstoff,</td></tr>
<tr><td>Aluminium,</td><td>Fluorwasserstoff,</td></tr>
<tr><td>Chrom,</td><td>Cyanwasserstoff,</td></tr>
<tr><td>Eisen,</td><td>Ferrocyanwasserstoff</td></tr>
<tr><td>Zink,</td><td>Ferricyanwasserstoff,</td></tr>
<tr><td>Mangan,</td><td>Rhodanwasserstoff,</td></tr>
<tr><td>Silber,</td><td>Essigsäure,</td></tr>
<tr><td>Quecksilber,</td><td>Oxalsäure,</td></tr>
<tr><td>Blei,</td><td>Weinsäure,</td></tr>
<tr><td>Wismut,</td><td>Kohle,</td></tr>
<tr><td>Kupfer,</td><td>Schweflige Säure,</td></tr>
<tr><td>Cadmium,</td><td>Thioschwefelsäure,</td></tr>
<tr><td>Arsen,</td><td>Salpetrige Säure,</td></tr>
<tr><td>Antimon,</td><td>Unterchlorige Säure,</td></tr>
<tr><td>Zinn,</td><td>Chlorsäure,
Überchlorsäure,</td></tr>
<tr><td>Platin,</td><td>Ameisensäure, usw.</td></tr>
</table>

Bei der Ausführung einer qualitativen Analyse suche man sich zunächst durch eine *Vorprüfung* über die Natur der betreffenden Substanz zu orientieren. Die Resultate dieser Vorprüfung sind in den meisten Fällen geeignet, Anhaltspunkte und Fingerzeige für die Ausführung der eigentlichen Analyse zu liefern. Liegen *Lösungen* zur Untersuchung vor, so dampfe man einen Teil davon bei mäßiger Wärme ein und verwende den trockenen Rückstand zur Vorprüfung.

Vorprüfung.

1. Prüfung im Glühröhrchen.

Eine erbsengroße Menge der zu untersuchenden Substanz werde in einem Glühröhrchen zunächst gelinde[1], dann stärker und schließlich *bis zum Glühen* erhitzt; hierbei können folgende Erscheinungen auftreten:

a) *Abgabe von Wasser*: Kristallwasser und hygroskopische Feuchtigkeit entweichen und setzen·sich als Hauch oder in Tröpfchen an den oberen, kälteren Teilen des Röhrchens ab. Häufig tritt gleichzeitig eine Farbenveränderung der Substanz, bisweilen auch ein Aufschwellen, Schmelzen, Verknistern usw. ein.

b) *Abscheidung von Kohle*: organische Verbindungen; gleichzeitig kann Entwicklung empyreumatisch riechender Dämpfe stattfinden.

c) *Entwicklung von Dämpfen*:

α) *Farblose Dämpfe* sind mit feuchtem Lackmuspapier auf ihre Reaktion zu prüfen; *Sauerstoff* (Salze der Persäuren und Halogensauerstoffsäuren, Quecksilberoxyd) ist durch Entflammung eines glimmenden dünnen Spanes zu kennzeichnen.

β) *Rotbraune* Dämpfe: Stickstoffdioxyd (Nitrate), Brom.

γ) *Violette Dämpfe*: Jod.

d) *Geruch*:

α) *Nach Ammoniak*: Ammoniumsalze, Cyanverbindungen.

β) *Nach Schwefeldioxyd*: Sulfide, Thiosulfate, Sulfite und eventuell auch Sulfate.

γ) *Nach Knoblauch*: Arsenverbindungen.

δ) *Nach Cyan*: Cyanverbindungen.

e) *Sublimate* sind durch Zerschneiden des Glühröhrchens von dem Glührückstande zu trennen und näher zu charakterisieren:

α) *Weißes Sublimat*: Mercuro-, Mercurisalze, Ammoniumsalze, Arsentrioxyd (glasklare Oktaeder unter der Lupe), Antimonoxyd (amorph). Das Sublimat werde mit Natronlauge befeuchtet. *Mercurosalz*: Schwärzung; *Mercurisalz*: gelbrote Färbung; *Ammonium-*

---

[1] Sollten sich hierbei Wassertröpfchen an den kälteren Teilen des Röhrchens absetzen, so sind sie vor dem stärkeren Erhitzen mit Fließpapier sorgfältig zu entfernen.

Lösungen sind zuvor auf dem Wasserbade zur Trockne einzudampfen.

salz: Ammoniakentwicklung; *Arsentrioxyd* und *Antimonoxyd* erleiden, abgesehen von ihrer Löslichkeit in Natronlauge, kaum eine Veränderung (weitere Kennzeichnung erfolgt auf der Kohle).

β) Gelbes Sublimat: Quecksilberjodid (bei der Berührung mit einem Glasstab rot werdend); *Arsensulfid* (in Ammoniak, Natronlauge usw. beim Erwärmen löslich).

γ) Rotgelbes Sublimat: Antimonsulfid (in Ammoniumsulfid löslich); basische *Quecksilbersalze* (Ammoniumsulfid schwärzt).

δ) Braungelbes Sublimat: Schwefel (in der Wärme braune Tröpfchen bildend).

ε) Schwarzes Sublimat: Quecksilber (kleine Kügelchen); *Arsen* (braunschwarzer glänzender Spiegel); *Antimon* (sammetschwarzer Spiegel); *Jod* (begleitet von violettem Dampf).

2. Prüfung auf der Kohle (Kohlesodastäbchen).

Eine erbsengroße Menge der zu untersuchenden Substanz, *innig gemengt* mit der 2—3fachen Menge *entwässerten* Natriumkarbonats und mit wenig Wasser zu einer plastischen Masse angefeuchtet, werde in einem Grübchen eines flachen Stückes Holzkohle mittels des Lötrohrs einige Zeit in der reduzierenden Flamme *zum Schmelzen* erhitzt[1]. *Regulinische Metalle* sind ohne Natriumkarbonatzusatz zu erhitzen. Die Schwermetallverbindungen werden hierbei zu Metallen (teils mit, teils ohne Oxydbeschlag) reduziert; die Erdmetallverbindungen liefern weiße, ungeschmolzene Massen.

α) Metallkörner.

Die Metallkörner platten sich beim Reiben in einer Reibschale entweder ab — duktil, dehnbar —, oder sie verwandeln sich dabei in ein Pulver — spröde.

Blei: weiß, duktil; gelber Beschlag.
Wismut: weiß, spröde; gelber Beschlag.
Zinn: weiß, duktil; weißer Beschlag.
Silber: weiß, duktil; kein Beschlag.
Antimon: weiß, häufig von einem Kristallnetz (Sb_2O_3) umgeben, spröde; starker weißer Beschlag, in der Lötrohrflamme verschwindend[2].
Gold: gelb, duktil; kein Beschlag.
Kupfer: rote, duktile Metallflitter; kein Beschlag.

---

[1] Die Holzkohle ist unter einem Winkel von 45° derartig zu halten, daß sich ein sich bildender Beschlag auf der Kohle ablagern kann.

[2] Bei Anwendung von Natriumkarbonat tritt meist nur ein starker weißer Beschlag auf; durch Schmelzen mit Cyankalium kann dagegen leicht ein Metallkorn erhalten werden.

β) Graue, ungeschmolzene Massen, ohne Beschlag.

Platin, Eisen, Mangan, Kobalt, Nickel.

γ) Beschläge ohne Metallkorn.

Zink: weißer Beschlag, in der Hitze, gelb, in der oxydierenden Flamme beständig, in der reduzierenden Flamme verschwindend. Mit verdünnter Kobaltnitratlösung durchfeuchtet und dann von neuem mit der Lötrohrflamme erhitzt, färbt sich der Beschlag grün. *Cadmium*: braunroter Beschlag (Pfauenauge).

δ) Weder Metallkorn, noch Beschlag.

Arsen: Knoblauchgeruch.
Quecksilber.

ε) Weiße, ungeschmolzene Massen (Erden).

Bleibt auf der Kohle eine weiße, ungeschmolzene Masse zurück, so pflegt man zur weiteren Charakterisierung diese weißen Massen, oder eine neue Probe der Substanz mit wenig Kobaltnitratlösung zu durchfeuchten und von neuem in der Oxydationsflamme zu glühen. Es liefern hierbei:
Tonerde: blaue Massen[1]; *Magnesia*: fleischfarbene Massen; *Calcium-, Barium-* und *Strontiumverbindungen*: graue Massen.
Von anderen Oxyden (Beschlägen) färben sich bei obiger Behandlung:
Zinkoxyd: grün; *Zinnoxyd*: blaugrün; *Antimonoxyd*: schmutziggrün.

ζ) Farbe der Schmelze.

Grüne Schmelze: Chromverbindungen.
Gelbe bis *braune Schmelze* (Hepar): schwefelhaltige Verbindungen; auch bei undeutlicher Farbe ist die Heparprobe anzustellen (s.S. 40).
Die Prüfung auf der Kohle kann durch nachstehende Prüfung am *Kohlesodastäbchen* ersetzt werden. Beschläge treten dabei nicht auf.

Prüfung am Kohlesodastäbchen.

Zur Reduktion der Metalle am Kohlesodastäbchen benetzt man ein abgebranntes, nicht imprägniertes Streichhölzchen mit schmelzender Soda. Zu diesem Zwecke schmilzt man kristallisierte Soda auf dem Deckel eines Präparatenglases durch direkte Einwirkung der Bunsenflamme und tränkt das Hölzchen 2 cm lang damit. Nun führt man das Hölzchen unter fortwährendem Drehen in die Bunsenflamme ein, bis das Kristallwasser der Soda verdampft ist und die Soda als weißer

---

[1] Diese Reaktion ist allein jedoch nicht beweisend, da auch manche Silikate und Phosphate, sowie auch Borate und Arsenate unter obigen Bedingungen blaue Massen liefern können.

Überzug auf dem Hölzchen sichtbar wird. Man tränkt nun nochmals mit schmelzender Soda und trocknet wiederum in der Flamme. Ein 1 cm langer Teil wird nun in dem heißesten Teil der Bunsenflamme erhitzt, bis die Soda geschmolzen ist. — An die Spitze des Stäbchens bringt man nun eine Probe von Hirsekorngröße mit der gleichen Menge Soda gemischt und erhitzt erst vorsichtig, bis das Wasser aus der Probe entwichen ist, und dann stärker in der heißesten Stelle des Bunsenbrenners, bis die Masse ruhig schmilzt. — Den Teil mit der Substanzprobe bringt man zunächst mit einem Wassertropfen auf eine blanke Silbermünze zur Anstellung der *Heparreaktion* (s. S. 40).

Von der Silbermünze spült man die Probe in eine kleine Reibschale mit etwas Wasser, zerreibt sie und fährt mit einer magnetischen Messerklinge in der Flüssigkeit umher. · An der Klinge bleiben haften: Eisen, Kobalt und Nickel, mit denen man nach dem Lösen in 25proz. Salpetersäure (d = 1,18) Reaktionen auf die drei Metalle anstellen kann.

Durch vorsichtiges Abschlämmen mit Wasser entfernt man die Kohleteilchen und prüft die zurückbleibenden Metalle auf Farbe und Dehnbarkeit. Darauf löse man sie in einigen Tropfen 25 proz. Salpetersäure (d = 1,18) und stelle mit einigen Tropfen der Lösung die entsprechenden Reaktionen auf einem Uhrglase an. Beim Behandeln mit Salpetersäure (d =: 1,18) gehen in Lösung Silber, Blei (weiß, dehnbar), Wismut (weiß, spröde) und Kupfer (schwammige, rote Masse), während Zinn (weiß, dehnbar) größtenteils in eine weiße, pulverige Masse von Metazinnsäure verwandelt wird.

3. Prüfung in der Phosphorsalzperle

Ein wenig Natrium-Ammoniumphosphat werde am Öhre eines dünnen Platindrahtes oder an der Spitze eines Magnesiumstäbchens zunächst in dem untersten Teil des Flammensaumes, schließlich in der Flammenspitze bis zum ruhigen Schmelzen erhitzt, alsdann eine sehr *kleine Menge* der zu untersuchenden Substanz an die aus Natriummetaphosphat: $NaPO_3$, bestehende klare Perle gebracht, letztere alsdann in der Oxydationsflamme, und nachdem die hierbei auftretenden Erscheinungen beobachtet sind, schließlich in der reduzierenden Flamme (mittels des Lötrohres) anhaltend erhitzt. Durch Zusatz von etwas Stanniol wird die Reduktion sehr erleichtert.

Die charakteristische Färbung der Phosphorsalzperlen tritt häufig erst beim vollständigen Erkalten hervor.

α) Färbung in der Oxydationsflamme.

Farblos: Zink, Cadmium, Blei, Wismut, Antimon, Zinn, die alkalischen Erden und Erdmetallsalze (bei starker Sättigung häufig trübe), Molybdän, Wolfram, Tantal, Niob, Titan.

Gelb: Eisen (in der Hitze rotgelb, in der Kälte gelb bis farblos), Nickel (ähnlich wie Eisen), Uran (beim Erkalten gelbgrün), Cer, Vanadin.

Grün: Kupfer (blaugrün), Chrom, Uran (jedoch nur in der Kälte, und zwar gelbgrün).

Blau: Kobalt, Kupfer (besonders nach dem Erkalten).

Violett: Mangan, Neodym.

β) Färbung in der Reduktionsflamme.

Farblos: Die alkalischen Erden und Erdmetallsalze (bei starker Sättigung häufig trübe), Mangan, Zinn, Cer.

Gelb: Eisen (in der Hitze), Titan (in der Hitze).

Grün: Chrom, Uran, Vanadin, Molybdän.

Blau: Kobalt, Wolfram (besonders auf Zusatz von etwas Stanniol), Niob (blauviolett).

Violett: Titan, Niob, Neodym.

Rot: Kupfer (trübe, undurchsichtig); Titan, Niob, Wolfram und Neodym bei *Gegenwart von Eisen*.

Grau, trübe: Cadmium, Silber, Blei, Wismut, Antimon, Zink, Nickel (besonders auf Zusatz von Stanniol).

Bei Anwesenheit mehrerer, die Phosphorsalzperle färbender Metallverbindungen verdecken sich die Einzelfärbungen häufig mehr oder minder vollständig.

Über den Nachweis der Kieselsäure in der Phosphorsalzperle s. S. 50.

Ähnliche Erscheinungen wie in der Phosphorsalzperle treten auch im allgemeinen in der *Boraxperle* ($Na_2B_4O_7$) auf.

4. Färbung der Flamme.

Eine kleine Menge der zu untersuchenden Substanz werde mit Salzsäure durchfeuchtet am Magnesiastäbchen oder am Öhre eines frisch ausgeglühten, dünnen Platindrahtes in den Schmelzraum der Flamme gebracht. Nach dem Glühen befeuchte man die verbliebene Masse von neuem mit Salzsäure und bringe sie dann abermals in den Schmelzraum der Flamme. Die Flamme wird gefärbt durch

Natrium:	*gelb*,	Thallium:	
Calcium:	*gelbrot, ziegelrot*	Borsäure:	*grün*,
Barium:	*gelbgrün*,	Arsen:	
Kalium:		Antimon:	
Rubidium:	*violett*,	Blei:	
Cäsium:		Indium:	*bläulich*.
Strontium:	*karminrot*,	Selen:	
Lithium:		Tellur:	
Kupfer:	*grün*,	Quecksilber:	

Bei Anwesenheit mehrerer obiger Verbindungen verdecken sich die Einzelfärbungen häufig mehr oder weniger.

5. Verhalten beim Erhitzen mit konz. Schwefelsäure.

In einem trockenen Reagensglase werde eine kleine Menge der zu untersuchenden Substanz mit dem dreifachen Raumteil konz. Schwefelsäure übergossen und gelinde erwärmt. Man beobachte, ob sich Dämpfe entwickeln und ob eine Verkohlung der Substanz stattfindet. In letzterem Falle sind organische Substanzen (z. B. Weinsäure) vorhanden. Findet keine Entwicklung von Dämpfen statt, so ist die Gegenwart flüchtiger oder durch Schwefelsäure zersetzbarer Säuren ausgeschlossen.

a) Farblose Gase oder Dämpfe.

1. Stechend riechend, Nebel bildend, Wasser nicht trübend — *Chlorwasserstoff.*
2. Stechend riechend, an der Luft Nebel bildend, Wasser am Glasstab trübend; charakteristisch ist die Bildung von Gasblasen, die Ähnlichkeit mit Öltröpfchen zeigen und sich langsam an den Wandungen des Reagensglases emporziehen. — *Siliciumfluorid* aus *Fluoriden.*
3. Fast farblose Dämpfe; auf Zusatz von Ferrosulfat oder von metallischem Kupfer rot werdend — *Salpetersäure.*
4. Geruchlos, Barytwasser am Glasstab trübend — *Kohlendioxyd* aus *Karbonaten* (evtl. auch von *Oxalaten* und anderen *organischen Säuren* herrührend).
5. Geruchlos, mit blauer Flamme brennbares Gas — *Kohlenoxyd* aus *Oxalaten* und *Formiaten, einfachen* und *komplexen Cyaniden.*
6. Nach bitteren Mandeln riechend — *Cyanwasserstoff* aus *Cyaniden.*
7. Nach brennendem Schwefel riechendes Gas, das Jodsäurestärkepapier bläut, — *Schwefeldioxyd* aus *Sulfiten*; bei gleichzeitiger Schwefelabscheidung aus *Thiosulfaten* und *Rhodaniden.* Das Gas kann auch aus der zugesetzten Schwefelsäure durch reduzierende Substanzen entstehen.
8. *Schwefelwasserstoff*, Bleipapier schwärzend, aus *Sulfiden.*

b) Gefärbte Gase oder Dämpfe.

Rotbraun: *Brom*, aus Bromiden oder Bromaten, besonders nach Zusatz von Braunstein.

Chromylchlorid, aus Chromaten bei Gegenwart von Chloriden.

Salpetrigsäureanhydrid, *Stickstoffdioxyd*, aus Nitriten oder Nitraten.

Gelbgrün: *Chlor* aus Hypochloriten oder aus Chloriden bei Gegenwart oxydierender Substanzen.

Chlordioxyd, beim Erhitzen explodierend, aus Chloraten.

Violett: *Jod*, aus Jodiden.

Die Gegenwart von *Fluoriden, Silikaten* und *Cyanverbindungen* bedingt eine besondere Vorbereitung der zu analysierenden Substanz.

Es sind daher noch die unter 6 bis 8 angegebenen Vorprüfungen auszuführen.

6. Prüfung auf Fluor.

a) s. S. 68, 5a 2.

b) Eine Probe der zu untersuchenden Substanz werde in einem Platin- oder Bleitiegel mit konz. Schwefelsäure zum dünnen Brei angerührt, der Tiegel mit einer Glasplatte bedeckt, in deren dünnem Wachsüberzug mittels eines gespitzen Hölzchens Schriftzüge eingegraben sind, und die Mischung hierauf einige Zeit *gelinde* erwärmt. Bei Anwesenheit von Fluoriden erscheinen die Schriftzüge, nach Entfernung des Wachses, in das Glas eingeätzt (besonders beim Anhauchen). Ist ein Überschuß von Kieselsäure oder Borsäure zugegen, so versagt die Ätzprobe.

Zur Erkennung von Fluor in *fluorhaltigen Silikaten* (Glimmer, Topas, Lepidolith usw.) schmelze man die *sehr feingepulverte* Substanz mit der 3fachen Menge Kalium-Natriumkarbonat im Platintiegel, weiche die Schmelze mit heißem Wasser auf, füge Ammoniumkarbonatlösung zu und digeriere damit einige Zeit. Der entstehende, die Kieselsäure usw. enthaltende Niederschlag werde abfiltriert, das Filtrat davon mit verdünnter Schwefelsäure bis zur nur noch *schwach* alkalischen Reaktion versetzt, zur Trockne verdampft und der Rückstand in der üblichen Weise auf Fluor geprüft. Ist gleichzeitig *Borsäure* vorhanden, so versagt die Ätzprobe. In diesem Falle ist der eingedampfte Rückstand mit etwas verdünnter Essigsäure aufzunehmen, mit dem gleichen Volumen Calciumchloridlösung und dem doppelten Volumen Glyzerin zu versetzen und die Mischung einige Minuten zu erhitzen. Mit dem ausgefallenen und abfiltrierten Calciumfluorid wird nach dem Trocknen die Ätzprobe durchgeführt.

Bei nicht *zu geringen* Mengen von Fluor gelingt der Nachweis neben Kieselsäure auch, wenn man das fluorhaltige Silikat mit konzentrierter Schwefelsäure in einem Reagensglase erhitzt und das entweichende Gas (SiF_4) durch ein angefeuchtetes Glasrohr in Wasser leitet. Enthält das Gas Siliciumfluorid: SiF_4, so trübt sich das Rohr durch ausgeschiedene Kieselsäure (beim Trocknen des Rohres als weißer Überzug hervortretend) und das Wasser nimmt saure Reaktion an; häufig findet auch in dem Wasser Abscheidung gallertartiger Kieselsäure statt.

7. Prüfung auf Kieselsäure.

In der Phosphorsalzperle und durch die Wassertropfenprobe s. S. 50.

Gute Dienste leistet die Schaumprobe S. 50. Die Substanz werde mit verd. Salzsäure zur Trockene verdampft, der Rückstand mit verd. Salzsäure ausgezogen und das Ungelöste nach dem Trocknen zur Schaumprobe verwandt. Bei Anwesenheit von Flußsäure werde die nach dem unter 6. bei Fluor angegebenen Verfahren abgeschiedene Kieselsäure wie oben mit Salzsäure behandelt und der verbleibende Rückstand nach dem Trocknen zur Schaumprobe benutzt.

Besonders geeignet ist die Ammonmolybdatprobe (s. S. 50), auch bei Anwesenheit von Fluoriden. Bei unlöslichen Silikaten ist aber bei dieser Probe ein Aufschluß nötig, der am einfachsten durch Schmelzen einer kleinen Menge Substanz mit Kalium-Natriumkarbonat am Platindraht zu erreichen ist. Die Perle löse man in verdünnter Salpetersäure und verwende diese Lösung zur Ammonmolybdatprobe.

8. Prüfung auf Cyanverbindungen[1].

Eine Probe der zu untersuchenden Substanz werde mit überschüssiger Natronlauge von 10 vH, der einige Tropfen Natriumchloridlösung zugefügt sind, unter Ergänzung des verdampfenden Wassers einige Minuten lang in einem Porzellanschälchen gekocht und nach Verdünnung mit etwas Wasser filtriert. Ein Teil dieses heißen alkalischen Filtrates (F) werde hierauf mit einigen Tropfen Ferrosulfatlösung (bis zur bleibenden grünschwarzen Färbung) erwärmt, das Gemisch dann mit einigen Tropfen Ferrichloridlösung, sowie endlich die noch alkalisch reagierende Mischung mit Salzsäure bis zur stark sauren Reaktion versetzt und zur Lösung der ausgeschiedenen Eisenhydroxyde von neuem gelinde erwärmt.

Sind *einfache* oder *komplexe Cyanverbindungen* vorhanden, so entsteht ein blauer Niederschlag[2] oder bei geringen Mengen nur eine blaugrüne Lösung, die erst bei längerem Stehen einen blauen Niederschlag absetzt. Bei gefärbten Lösungen (z. B. bei Gegenwart von Rhodanid) filtriere man die Lösung. Es hinterbleibt nach dem Auswaschen ein blauer Anflug auf dem Filter. Gleichzeitig vorhandenes Rhodanid erzeugt eine blutrote Lösung[3], doch ist diese Färbung häufig erst nach vollständigem Ausfällen der Cyanverbindungen durch überschüssiges Eisenchlorid erkennbar.

Ist in den Vorproben *Quecksilber* nachgewiesen, so koche man eine Probe der ursprünglichen Substanz mit Wasser aus und entferne das Quecksilber durch Einleiten von Schwefelwasserstoff. Das Filtrat

---

[1] Auf andere komplexe Cyanverbindungen als die des Eisens ist in nachfolgendem Gang keine Rücksicht genommen. Gegebenenfalls sind sie, insbesondere die sehr beständige Kobalticyanwasserstoffsäure, an Hand größerer Werke nachzuweisen.

[2] Bei Gegenwart von Kupfer, besonders bei gleichzeitiger Anwesenheit von Komplexbildnern, wie Weinsäure, können Störungen auftreten, da sich das schwerlösliche rotbraune Kupferferrocyanid bilden kann. — Sollte auf Zusatz der Salzsäure und darauffolgendes Erwärmen *keine Klärung* obiger Mischung eintreten, oder durch Salzsäure eine die Blaufärbung verdeckende Ausscheidung (Antimonsulfid usw.) erfolgen, so säure man das alkalische Filtrat (F) ohne Eisenzusatz an, filtriere den entstandenen Niederschlag ab, alkalisiere das Filtrat und verfahre wie oben.

[3] Die Eisenrhodanidfärbung verschwindet bei längerem Kochen der Flüssigkeit nicht oder kehrt wieder auf erneuten Zusatz von Eisenchloridlösung (Unterschied von gelöstem Jod). Beim Schütteln mit Äther geht sie *meist* in letzteren über.

vom Quecksilbersulfid wird dann in der vorstehenden Weise auf Cyanverbindungen geprüft.

Zur Unterscheidung der verschiedenen Arten von Cyanverbindungen
teile man den Rest des alkalischen Filtrates (F) in 2 Teile und prüfe
sie in folgender Weise:

a) Teil I. *Ferrocyanide*: Eisenchlorid, der alkalischen Flüssigkeit (F)
zugesetzt, ruft nach dem Ansäuern mit Salzsäure[1] einen blauen Niederschlag hervor[2].

b) Teil II. *Ferricyanide*: Frisch bereitete Eisenchlorürlösung (aus
Eisenpulver und verdünnter Salzsäure) gibt in der mit Salzsäure angesäuerten Flüssigkeit (F) eine Blaufärbung oder einen blauen Niederschlag. Sind Ferrocyanide gefunden, so lasse man den durch überschüssiges Eisenchlorid nach a) erhaltenen Niederschlag absetzen,
filtriere und prüfe das Filtrat hiervon auf Ferricyanide mit Eisenchlorürlösung.

Sind *Ferro-* und *Ferricyanide nicht* gefunden und ist der allgemeine
Cyannachweis (Berlinerblaureaktion, s. o.) positiv ausgefallen, so sind
Cyanide nachgewiesen.

Sind *Ferro-* und *Ferricyanide vorhanden*, so benutze man zum Nachweis der Cyanide die Filtrate von den nach a) oder b) durch die Eisen-
salze im Überschuß erhaltenen Niederschläge, mache die Filtrate mit
Natronlauge alkalisch und stelle damit die oben beschriebene Berlinerblaureaktion an. Blaufärbung oder blauer Niederschlag zeigt *Cyanide* an.

Sind außer Ferro- und Ferricyaniden noch Ferrosalze vorhanden,
so versagt diese Probe. Bei Abwesenheit von Rhodaniden führe man
den Nachweis der Cyanide in der Weise, daß man eine Probe des ursprünglichen Untersuchungsmateriales mit Ammoniak und überschüssigem *gelbem* Ammoniumsulfid eindampft, den Verdampfungsrückstand mit Wasser auszieht, den filtrierten Auszug mit Salzsäure erwärmt und mit Eisenchlorid versetzt: Rotfärbung, vgl. S. 25e.

Zum weiteren Nachweis der Cyanide bei Anwesenheit von *Ferrocyaniden* oder *Rhodaniden* destilliere man eine Probe des Untersuchungsmateriales mit konzentrierter, im starken Überschuß angewandter Na-
triumbikarbonatlösung und fange das Destillat in mit Salpetersäure
schwach angesäuerter Silbernitratlösung auf. Der Eintritt einer weißen
Trübung zeigt *Cyanide* an.

---

[1] S. Anmerkung 2 auf voriger Seite.

[2] Da die *Ferricyanide*, sowie auch die *Cyanide*, bei Gegenwart von Ferrosalzen und anderen leicht oxydierbaren Stoffen, beim Kochen mit Natronlauge
häufig ganz oder teilweise in Ferrocyanide verwandelt werden, so prüfe man, wenn
es angeht, das ursprüngliche Untersuchungsmaterial noch durch direktes An-
schütteln mit einem Gemisch von Salzsäure und Eisenchloridlösung auf *Ferrocyanid*: Blaufärbung, und mit einem Gemisch von Salzsäure und *frisch bereiteter*
Eisenchlorürlösung auf *Ferricyanid*: sofortige Blaufärbung. Über den *Nachweis
der Cyanide bei Gegenwart von Ferrosalzen* s. unten.

Eigentliche Analyse.

I. Auflösung oder Aufschließung der Substanz.

Nach beendeter Vorprüfung ist die zu untersuchende Substanz zunächst in Lösung zu bringen. Je nach der Natur der Substanz (gekennzeichnet durch die Vorproben) ist die Art der Auflösung eine verschiedene; sie geschieht nach den unter 1 bis 9 angegebenen Verfahren.

1. Oxyde, Salze usw.

(Gewöhrliche Art der Auflösurg.)

a) Eine erbsengroße Merge der Subetarz werde in einem Reagensglase mit etwa 1—1,5 ccm *Wasser* geschüttelt und, falls nicht sofortige Lösung eintritt, damit gekocht. Wird auf die eine oder die andere Weise eine vollständige Auflösung erzielt, so behandle man 1—2 g der zu untersuchenden Substanz in der gleichen Weise und prüfe die Lösung nach II (S. 78).

b) War durch Kochen mit Wasser keine Lösung erzielt, so füge man zu der gleichen Probe etwas *Salzsäure* und erhitze nötigenfalls abermals zum Kochen. Findet hierbei eine vollständige Lösung statt, so behandle man 1—2 g der zu untersuchenden Substanz in der gleichen Weise und prüfe die Lösung nach Gruppe B (Tab. I). Flüchtige Säuren und Halogene können hierbei entweichen:

Kohlensäure: geruchlos, entweicht meist unter Aufbrausen, trübt *sofort* Barytwasser (Glasstab, der in Barytwasser eingetaucht ist).

Schwefelwasserstoff: am Geruch und an der Schwärzung von Bleipapier zu erkennen.

Cyanwasserstoff: am Geruch sowie durch die Vorproben (S. 70) zu erkennen.

Schweflige Säure: am Geruch und an der Bläuung von Jodsäurestärkepapier zu erkennen (s. S. 41).

Chlor, Brom, Jod sind durch Farbe, Geruch usw. leicht zu erkennen.

c) Wurde durch Kochen mit verdünnter Salzsäure keine Lösung erzielt, so versuche man eine neue Probe der zu untersuchenden Substanz in *verdünnter Salpetersäure* zu lösen.

Die Abscheidung eines gelben oder grauen, zusammengeballten Rückstandes: *Schwefel*, deutet auf die Anwesenheit eines Metallsulfids hin. Derartig abgeschiedener Schwefel kennzeichnet sich nach dem Auswaschen dadurch, daß er beim Erhitzen auf einem Porzellanscherben ganz oder teilweise, unter Entwicklung von Schwefeldioxyd, mit blauer Flamme verbrennt.

Besteht das Ungelöste im wesentlichen nur aus Schwefel, so ist die Substanz als gelöst zu betrachten. Ist somit durch verdünnte Salpetersäure eine vollständige Lösung der zu untersuchenden Substanz bewirkt worden, so behandle man etwa 1—2 g davon in der gleichen

Weise, *dampfe alsdann die erzielte Lösung auf ein kleines Volumen ein,* verdünne den hierdurch vom *Salpetersäureüberschuß möglichst befreiten Rückstand* mit Wasser und untersuche diese Lösung nach Gruppe **A.** (S. 82). Eine durch den Wasserzusatz etwa eintretende Trübung ist zuvor durch Erwärmen, nötigenfalls unter nochmaligem Zusatz von *wenig* Salpetersäure, zu beseitigen.

d) Ist weder durch Wasser, noch durch verdünnte Salzsäure oder Salpetersäure eine vollständige Lösung erzielt, so erwärme (*nicht kochen!*) man 1—2 g der zu untersuchenden Substanz in einem Kölbchen mit *Königswasser* (3 Teile Salzsäure, 1 Teil Salpetersäure). Wird hierdurch eine *vollständige Lösung* bewirkt, so *dampfe man sie auf ein kleines Volumen ein,* verdünne den hierdurch von der *Salpetersäure möglichst befreiten Rückstand* mit Wasser und untersuche diese Lösung, ohne auf eine durch den Wasserzusatz entstandene Trübung besondere Rücksicht zu nehmen, nach Gruppe **B.** (Tab. I).

Wird auch durch Königswasser *keine vollständige Lösung* erzielt,
die Abscheidung eines gelben oder grauen, zusammengeballten Rückstandes deutet auch hier auf das Vorhandensein eines Metallsulfids hin. Sollte dieser abgeschiedene Schwefel noch andere Substanzen einschließen, so wasche man ihn aus, verflüchtige ihn nach dem Trocknen durch Erhitzen auf einem Porzellanscherben und behandle den Rückstand abermals mit Königswasser. Die hierdurch noch erzielte Lösung füge man zu der früher erhaltenen, das etwa ungelöst Bleibende untersuche man nach III (Tabelle VII),
so lasse man die Mischung absetzen, gieße die Flüssigkeit möglichst klar von dem Ungelösten durch ein Filter ab und behandle den Rückstand von neuem mit Königswasser. Nach dem Absetzen filtriere man abermals, sammle das *Ungelöste* auf dem nämlichen Filter, wasche es zunächst mit salzsäurehaltigem, dann mit reinem Wasser aus und untersuche es als „*unlöslichen Rückstand*" nach III (Tab. VII).

Die von dem unlöslichen Rückstand abfiltrierten, miteinander gemischten Lösungen werden *auf ein kleines Volum eingedampft,* der hierdurch *vom Überschuß an Salpetersäure möglichst befreite Rückstand* mit Wasser und verd. Salzsäure auf einen Säuregehalt von etwa 2% Chlorwasserstoff gebracht und die Lösung, ohne auf eine entstandene Trübung (eventuell von Bismutylchlorid, Antimonylchlorid, Bleichlorid herrührend) Rücksicht zu nehmen, nach Gruppe **B.** (Tab. I) untersucht.

2. Metalle, Legierungen, Metallsulfide, Kiese, Blenden.

Obige Untersuchungsmaterialien, die sich ihrer Natur nach meist schon durch ihr Äußeres, sowie auch durch die Vorproben kennzeichnen, werden in möglichst zerkleinertem bzw. fein gepulvertem Zustande nach dem unter 1c oder d) (S. 72) angegebenen Verfahren (entweder ganz oder zum Teil) in Lösung gebracht.

Einige neuere Eisenlegierungen sind durch Säuren schwer aufschließbar. Sie sind gegebenenfalls in gepulvertem Zustande durch Soda-Salpeterschmelze aufzuschließen.

3. Fluoride.

Hat die Fluorreaktion bei den Vorproben ein positives Resultat ergeben, so rühre man 1—2 g der *fein gepulverten* Substanz in einem Platintiegel mit konzentrierter reiner Schwefelsäure zu einem *dünnen* Brei an und erhitze die Mischung anfänglich gelinde, schließlich einige Zeit so stark, daß dichte weiße Nebel von Schwefelsäure entweichen[1]. Der auf diesem Wege von Fluor befreite Rückstand werde hierauf zur Auflösung nach den unter 1a), b), c) oder d) (S. 72 u. f.) angegebenen Methoden behandelt.

4. Cyanide, Rhodanide.

Bei Gegenwart von *Cyaniden* ist die zu untersuchende Substanz (1—2g) in Salzsäure, Salpetersäure oder Königswasser nach den unter 1b), c) und d) (S. 72 u. f.) gemachten Angaben zu lösen.

Sind *Rhodanide* bei den Vorproben gefunden worden, so muß die Substanz, die zur Untersuchung auf die Basen dienen soll (1—2g), zur Entfernung der Rhodanwasserstoffsäure, einige Zeit lang mit Salpetersäure oder mit Königswasser gekocht werden. Sollte hierdurch die Substanz nicht bereits vollständig in Lösung gegangen sein, so werde das Ungelöste nach dem unter 1d) (S. 73) erörterten Verfahren weiter behandelt. Die erzielte Lösung ist durch Eindampfen vom Säureüberschuß möglichst zu befreien und alsdann in der üblichen Weise, und zwar bei Anwendung von Salpetersäure nach Gruppe **A.** oder bei Anwendung von Königswasser nach Gruppe **B.** zu untersuchen.

Sind *Cyanide* oder *Rhodanide* neben *Ferro-* oder *Ferricyaniden* vorhanden, so wende man zu deren Zersetzung konz. Schwefelsäure an (s. 5).

5. Ferrocyanide, Ferricyanide[1].

Ist durch die Vorproben die Anwesenheit eines *Ferrocyanids* oder *Ferricyanids* konstatiert worden, so rühre man die feingepulverte Substanz (1—2g) mit konzentrierter, reiner Schwefelsäure in einem Kölb-

---

[1] Bei Gegenwart von Quecksilberchlorid und Arsentrichlorid (gebildet aus Arsenverbindungen bei Gegenwart von Chloriden) können diese sich bei starkem Erhitzen mit Schwefelsäure verflüchtigen. In diesem Falle ist der Aufschluß mit Schwefelsäure in einem Kölbchen vorzunehmen, das einen Stopfen mit zweifach gebogenem Glasrohr trägt. Das Ende des Glasrohres läßt man in etwas Wasser eintauchen, das nach der Zerstörung der aufgeschlossenen Probe wieder zugefügt wird.

chen zu einem *dünnen Brei* an und erhitze die Mischung unter Umschwenken auf dem Drahtnetze so lange, bis weiße Nebel von Schwefelsäure zu entweichen *beginnen* und rauche noch 5—10 Minuten langsam weiter ab, bis eine mit einem Glasstab herausgenommene, mit Wasser verdünnte Probe auf Zusatz von Ferrichlorid- bzw. Ferrosulfatlösung
nicht mehr blau gefärbt wird[1]. Der auf diese Weise von Ferro- und
Ferricyaniden befreite Rückstand ist alsdann nach 1 a), b), c) oder d)
(S. 72 u. f.) in Lösung überzuführen. Diese Lösungen sind je nach der
Art des angewendeten Lösungsmittels hierauf nach Gruppe **A.** oder
Gruppe **B.** weiter zu untersuchen.

Ein unlöslicher Rückstand ist nach III (Tab. VII) zu behandeln.
Es sei bemerkt, daß beim Erhitzen mit Schwefelsäure sich schwer lösliche basische Sulfate des Eisens, Chroms und Aluminiums bilden können.

6. Silikate.

Der Aufschluß der Silikate kann je nach ihrer Natur verschieden
geschehen. Alle Silikate müssen jedoch vor der Aufschließung *auf das
feinste* gepulvert sein.

α) Ein Teil der wasserhaltigen Silikate (Zeolithe), der Ortho- und Metasilikate
(z. B. Olivin, Wollastonit), sowie die meisten Zemente und Schlacken und alle in
Wasser löslichen kieselsauren Salze lassen sich schon durch Säuren vollständig
zerlegen. Zu diesem Zwecke erwärme man das *fein gepulverte* Silikat so lange mit
konzentrierter Salzsäure, bis eine vollständige Zerlegung eingetreten, die sandige
Beschaffenheit also verschwunden ist. Hierauf dampfe man, zur Überführung der
teilweise löslichen gallertartigen Kieselsäure in die unlösliche amorphe Form, die
Flüssigkeit unter Umrühren auf der Asbestpappe zur *staubigen Trockne* ein, wiederhole das Abdampfen mit Salzsäure noch ein- bis zweimal und befeuchte dann den
Rückstand gleichmäßig mit konzentrierter Salzsäure (um basische Salze wieder
zu lösen), lasse die Masse einige Zeit (etwa 10 Minuten) stehen und ziehe sie endlich mit heißem Wasser aus. Die von der abgeschiedenen Kieselsäure abfiltrierte
Lösung ist hierauf in der üblichen Weise nach Gruppe **B, C, D, E** zu untersuchen.

Bei *bleihaltigen Silikaten* ist die Anwendung von Salpetersäure an Stelle der
Salzsäure vorzuziehen.

β) Die durch Säuren nur unvollkommen oder gar nicht aufschließ-
baren Silikate lassen sich durch Schmelzen mit Alkalikarbonat zerlegen. Zu diesem Zwecke mische man 1 Teil des feinen Silikatpulvers
in einem Platintiegel mit 4 Teilen eines Gemenges aus wasserfreiem
Natrium- und Kaliumkarbonat zu gleichen Teilen, erhitze die Mischung
bis zum ruhigen Schmelzen und erhalte sie hierin 10—15 Minuten lang.
Die erkaltete Schmelze werde hierauf zerrieben, mit Wasser aufge-

---

[1] Bei Anwesenheit von in Säuren schwerlöslichen Ferrocyaniden, wie Berlinerblau und Kupferferrocyanid, kenntlich an der Farbe, versagt die obenerwähnte
Prüfung auf vollständige Zerstörung. Man erhitze in diesem Falle so lange, bis
die blauen oder dunkelbraunen Rückstände verschwunden sind, oder man berücksichtige bei der Untersuchung auf den „unlöslichen Rückstand" das even-
tuelle Vorhandensein der beiden schwerlöslichen Ferrocyanide.

weicht, mit Salzsäure im Überschuß, wie unter α) angegeben ist, eingedampft und weiter untersucht.

Sind in dem zu untersuchenden Silikate Alkalien enthalten (häufig schon durch die Flammenfärbung zu erkennen, die das wiederholt mit Salzsäure durchfeuchtete, feine Silikatpulver am Platindrahte hervorruft), so schließe man zu deren Auffindung eine besondere Probe durch Glühen mit alkalifreiem Barium- oder Calciumkarbonat oder durch Behandeln mit Ammoniumfluorid auf.

Zu diesem Zwecke erhitze man das mit der 6—8fachen Menge *alkalifreien* Barium- oder Calciumkarbonats innig gemengte Silikat eine halbe Stunde lang im Gebläse oder im HEMPELschen Glühofen, zerreibe hierauf die- erkaltete, zusammengesinterte Masse, digeriere sie mit Ammoniumkarbonatlösung und verwende alsdann das Filtrat zur Prüfung auf Alkalien. Es werde eingedampft, der Rückstand durch Glühen von Ammoniumsalzen befreit und letzterer schließlich in der üblichen Weise auf Alkalimetalle geprüft.

γ) Zur Aufschließung mit *Ammoniumfluorid*[1] menge man das feine Silikatpulver in einem Platintiegel mit der 8fachen Menge *reinen* Ammoniumfluorids, füge einige Tropfen Wasser zu, um die Mischung in einen gleichmäßigen Brei zu verwandeln, und erwärme im Wasserbade. Ist die Masse wieder trocken geworden, so werde sie vorsichtig auf direkter Flamme bis zur beginnenden schwachen (dunklen) Rotglut erhitzt und darin so lange erhalten, als noch Dämpfe von Ammoniumsalz usw. entweichen. Die als Fluoride zurückbleibenden Metalle sind alsdann durch Erhitzen mit konzentrierter Schwefelsäure von Fluor zu befreien (s. 3, S. 74), und es ist der Rückstand hierauf nach I. bzw. II. (S. 72 und 78) in der üblichen Weise zur Prüfung auf die Basen zu verwenden.

An Stelle des Ammoniumfluorids kann auch konzentrierte *Flußsäure* zur Aufschließung der Silikate dienen. Zu diesem Zwecke übergieße man das feinst gepulverte Silikat in einem Platintiegel mit einem Gemisch gleicher Volume Wasser und konzentrierter Schwefelsäure, setze dann *reine* konzentrierte Flußsäure zu und erhitze unter Umrühren mit einem Platinspatel auf einer Asbestpappe bis zur Entwicklung von Schwefelsäuredämpfen, wiederhole nach dem Erkalten die Zugabe von Flußsäure, verdampfe die Flußsäure und den Überschuß Schwefelsäure und untersuche den aus Sulfaten bestehenden Rückstand nach I. bzw. II. (S. 72 und 78) in der üblichen Weise.

7. Chromoxyd, Chromeisenstein, Eisenoxyd, Aluminiumoxyd.

Chromoxyd und *Chromeisenstein* kennzeichnen sich durch die Grünfärbung der Phosphorsalzperle, *Eisenoxyd* durch seine Farbe, *Aluminiumoxyd* durch die blaue unschmelzbare Masse, die nach dem Befeuchten mit wenig verdünnter Kobaltnitratlösung und dem darauffolgenden Glühen auf der Kohle resultiert.

---

[1] Bei allen Arbeiten mit Fluorverbindungen ist wegen der stark ätzenden Eigenschaften Vorsicht geboten (Abzug! Hand durch Handschuh schützen!).

Um vorstehende Oxyde, die im geglühten Zustande in Säuren unlöslich sind, in Lösung überzuführen, schmelze man sie im *feingepulverten Zustande* im Platintiegel, unter häufigem Umrühren mit einem Platindrahte, mit der 10fachen Menge sauren Natriumsulfats und löse dann die aus Sulfaten bestehende Schmelze nach dem Erkalten in Wasser oder in Salzsäure auf.

Chromeisenstein wird am besten derartig aufgeschlossen, daß man obiger Schmelze mit saurem Natriumsulfat noch eine solche mit Natriumkarbonat und Salpeter folgen läßt. Zu diesem Zwecke lasse man die Schmelze mit saurem Natriumsulfat, nachdem sie sich längere Zeit unter häufigem Umrühren mit einem Platindrahte im glühenden Flusse befunden hat, erkalten, füge wasserfreies Natriumkarbonat (die Hälfte vom angewendeten $NaHSO_4$) zu, schmelze von neuem und trage nach und nach eine dem angewendeten Natriumkarbonat gleiche Menge Salpeter ein. Die nach längerem Schmelzen resultierende, gelb gefärbte Masse gibt an Wasser das gebildete Natriumchromat ab, während das Eisenoxyd im Rückstande verbleibt, dem es durch Salzsäure entzogen werden kann.

Besonders schnell und glatt lassen sich Chromoxyd und feinst gepulverter Chromeisenstein durch vorsichtiges Schmelzen mit der 6fachen Menge Natriumsuperoxyd in einem Silber- oder Nickeltiegel aufschließen.

8. Unlösliche Sulfate.

($CaSO_4$, $SrSO_4$, $BaSO_4$, $PbSO_4$),

die sich bei den Vorproben (Flammenfärbungen und Heparbildung des Unlöslichen) kennzeichnen, werden durch Schmelzen mit der 4fachen Menge eines Gemisches gleicher Teile wasserfreien Natriumkarbonats und Kaliumkarbonats weitgehend aufgeschlossen. Nach dem Behandeln der erkalteten Schmelze mit Wasser enthält die Lösung das gebildete Kalium-Natriumsulfat, der mir Wasser *gut ausgewaschene* Rückstand die Basen als Karbonate. Letztere sind, nach dem Auswaschen, in Essigsäure oder verdünnter Salpetersäure löslich und können daher dann in dieser Lösung nach dem Gange der qualitativen Analyse weiter identifiziert werden.

9. Zinnoxyd (Zinnstein), Antimonoxyde

werden durch Schmelzen mit der vierfachen Menge Ätznatron im Silbertiegel in eine in Säuren lösliche Form übergeführt.

Vollständiger und schneller erfolgt der Aufschluß von Zinnoxyd und Antimonoxyden beim Schmelzen mit der 6fachen Menge eines Gemisches aus gleichen Teilen Schwefel und wasserfreien Natriumkarbonats bei gelinder Rotglut in einem gut bedeckten Porzellantiegel. Ist der überschüssige Schwefel verdampft und der Tiegelinhalt vollkommen geschmolzen, so läßt man erkalten, löst die gebildeten Sulfosalze in Wasser, filtriert die Lösung und scheidet daraus Zinn und Antimon durch überschüssige verdünnte Salzsäure und darauffolgendes *gelindes Erwärmen* als Sulfide ab. Über deren weitere Identifizierung s. Tab. II.

II. Untersuchung der nach I. (S. 72 u. f.) erhaltenen Lösungen.

a) Liegt eine Lösung der zu untersuchenden Substanz *in Wasser* vor, so prüfe man sie zunächst mittels Lackmuspapier auf ihre Reaktion. *Neutral* oder *sauer reagierende* Lösungen sind nach **A** (S. 82) zu untersuchen. *Alkalisch reagierende Lösungen* sind vor der weiteren Untersuchung nach **A** mit Salpetersäure anzusäuern; hierbei beobachte man, ob sich Niederschläge ausscheiden, oder ob sich Gase entwickeln. Scheidet sich beim Ansäuern mit Salpetersäure ein Niederschlag aus, so untersuche man das Filtrat davon nach **A**.

Als *Niederschläge* können sich ausscheiden: *Schwefel, Arsen-, Antimon-* und *Zinnsulfid, Silberchlorid, Silbercyanid,* sowie *Kieselsäure.* Als Gase können entweichen: *Schwefelwasserstoff, Schwefeldioxyd, Kohlendioxyd* und *Cyanwasserstoff.*

Schwefel scheidet sich aus Sulfiden und Sulfosalzen meist unter gleichzeitiger Schwefelwasserstoffbildung, aus Thiosulfaten unter Schwefeldioxydentwicklung ab, und zwar entweder als milchige Trübung oder in zusammengeballten Massen. Er kennzeichnet sich nach dem Abfiltrieren und Auswaschen durch die Brennbarkeit (blaue Flamme, Geruch nach Schwefeldioxyd) und durch die Heparbildung beim Zusammenschmelzen mit Soda auf der Kohle.

Arsen-, Antimon- und *Zinnsulfid* scheiden sich unter Entwicklung von Schwefelwasserstoff als flockige, gelbe oder orangefarbene Niederschläge aus. Man erwärme die angesäuerte Flüssigkeit *gelinde,* bis der Geruch nach Schwefelwasserstoff verschwunden ist, sammle den Niederschlag auf einem Filter, wasche ihn aus und untersuche ihn nach **B** b) (Tab. II).

Silberchlorid scheidet sich als weißer, käsiger, sich am Lichte violett färbender Niederschlag aus, der nach **A** (S. 82) und beim Schmelzen mit Soda auf der Kohle (s. S. 64) leicht gekennzeichnet werden kann. *Silbercyanid* ist in gleicher Weise auf der Kohle, sowie durch die Cyanreaktion (s. S. 70) und das auf S. 87, 4a angegebene Verhalten zu charakterisieren.

Kieselsäure, die sich gallertartig, besonders in der Wärme abscheidet, wird nach dem Trocknen durch die auf S. 50 unter e) angegebene Probe gekennzeichnet. Falls sie vorhanden, verdampfe man die Lösung, samt dem Niederschlage, zur vollständigen Abscheidung der Kieselsäure, zur staubigen Trockne, durchfeuchte den Verdampfungsrückstand mit Salpetersäure, ziehe ihn nach etwa 10 Minuten langem Stehen mit Wasser aus und prüfe den Auszug (er kann im wesentlichen nur Alkalien enthalten) weiter.

Schwefelwasserstoff, Schwefeldioxyd, Kohlendioxyd und *Cyanwasserstoff* kennzeichnen sich durch den Geruch und durch die auf S. 42, 41, 49 und 55 angegebenen Reaktionen.

b) Liegt eine Lösung der zu untersuchenden Substanz in *Salpetersäure* (s. S. 72c) vor, so beginne man die weitere Untersuchung bei **A** (S. 82); handelt es sich dagegen um eine Lösung des Untersuchungsobjektes in *Salzsäure* oder in *Königswasser* (s. S. 73d), so beginne man die weitere Untersuchung derselben bei **B** (Tab. I).

Zur Trennung der Basen bedient man sich *nacheinander* folgender Gruppenreagenzien: *Salzsäure, Schwefelwasserstoff, Ammoniumsulfid* und *Ammoniumkarbonat.*

Entsteht durch eines der genannten Reagenzien in *einer Probe* der Auflösung ein Niederschlag, so versetze man alsdann die ganze Menge mit einem *zur vollständigen Ausfällung erforderlichen* Quantum des betreffenden Reagens, sammle hierauf den Niederschlag auf einem Filter, wasche ihn sorgfältig aus und prüfe alsdann das Filtrat (*nachdem man sich überzeugt hat, daß die Ausfällung auch eine vollständige war,* d. h., daß durch weiteren Zusatz des angewendeten Gruppenreagens in dem Filtrate kein Niederschlag mehr entsteht) mit dem nächstfolgenden Gruppenreagens. Die einzelnen Niederschläge sind nach den unter Gruppe **A, B, C, D** usw. angegebenen Verfahren weiter zu untersuchen.

Übersicht des Verhaltens der Basen gegen die Gruppenreagenzien.

Gruppe **A.** Durch *Salzsäure* werden als Chloride gefällt, die sich in einem Überschusse des Fällungsmittels nicht wieder lösen:

Silber: weiß, käsig   } vollständig
Quecksilberoxydul: weiß, pulverig } fällbar
Blei: weiß, kristallinisch, unvollständig fällbar.

Gruppe **B.** Durch *Schwefelwasserstoff* werden aus saurer Lösung als Sulfide gefällt:

Quecksilber: schwarz,	*Arsen*: gelb,
Blei: schwarz,	*Antimon*: orangerot,
Wismut: schwarz,	*Zinnoxydul*: braun,
Kupfer: blauschwarz,	*Zinnoxyd*: gelb,
Cadmium: gelb,	*Platin*: schwarzbraun,

Gold: schwarzbraun.

a) Von diesen durch Schwefelwasserstoff gefällten Metallen sind in *Ammoniumsulfid löslich*: Arsen-, Antimon-, Stanni-, Platin- und Goldsulfid; die beiden letzteren nur zum Teil. *Stannosulfid* löst sich nur in gelbem Ammoniumsulfid.

b) In *Ammoniumsulfid* sind *unlöslich*: Quecksilber-, Blei-, Wismut-, Kupfer-[1] und *Cadmiumsulfid*.

Gruppe C. Bei Gegenwart von Ammoniumchlorid werden durch Ammoniumsulfid, *Schwefelwasserstoff* aus *ammoniakalischer Lösung*, gefällt (nicht dagegen aus salzsaurer Lösung):

als *Sulfide*:

Kobalt: schwarz,	*Zink*: weiß,
Nickel: schwarz,	*Mangan*: meist fleischrot, an der
Eisen: schwarz,	Luft allmählich in braunschwarz übergehend.

als *Hydroxyde*:

Aluminium: weiß,　　　　　*Chrom*: graublau,
eventuell als *Phosphate* und *Oxalate*:
Calcium, Strontium, Barium, Magnesium: weiß.

Gruppe D. Durch Schwefelwasserstoff und Ammoniumsulfid (bei Gegenwart von Ammoniumchlorid) werden nicht gefällt, wohl aber durch *Ammoniumkarbonat* als Karbonate:

Calcium, Strontium, Barium: weiß.

Gruppe E. Lösungen, die durch Salzsäure, Schwefelwasserstoff, Ammoniumsulfid und Ammoniumkarbonat nicht gefällt werden oder von den dadurch entstandenen Niederschlägen abfiltriert sind, können von Basen noch enthalten:

Magnesium, Kalium, Natrium, Lithium.
Ammoniumsalze sind in der ursprünglichen Substanz nachzuweisen.

---

[1] Kleine Mengen von Kupfersulfid werden von Ammoniumsulfid, namentlich von stark gelbem, gelöst.

Schema des Trennungsganges Gruppe A.

Salzsäureniederschlag.

$AgCl$, Hg_2Cl_2, $PbCl_2$
Erschöpfendes Auskochen mit Wasser

Lösung	Rückstand
$Pb^{\cdot\cdot}$	$AgCl$, Hg_2Cl_2

Behandeln mit Ammoniak

Rückstand	Lösung
$H_2N \cdot Hg \cdot O \cdot Hg \cdot Cl + 2\,Hg$	$[Ag(NH_3)_2]$

Gruppe A.

Salzsäureniederschlag[1].

Entsteht durch Salzsäure in einer Probe der neutralen oder schwach salpetersauren Lösung des Untersuchungsobjektes *kein Niederschlag*, so gehe man zur weiteren Prüfung der mit Salzsäure sauer gemachten Lösung zu **B** (Tab. I) über. *Entsteht* dagegen durch Salzsäure *ein Niederschlag*, der sich in einem Überschuß des Fällungsmittels nicht wieder löst[2], so behandle man die ganze Menge der Lösung in gleicher Weise. Es werden gefällt: *Merkurosalz* als Hg_2Cl_2, *Silber* als AgCl, *Blei* als $PbCl_2$ (unvollständig). Der Niederschlag werde abfiltriert, mit wenig kaltem, salzsäurehaltigem Wasser ausgewaschen und alsdann mit viel Wasser ausgekocht:

In Lösung geht: *Bleichlorid.*	Ungelöst bleiben: *Silberchlorid, Quecksilberchlorür*
a) *Kaliumdichromat* fällt daraus gelbes Bleichromat, namentlich nach Zusatz von etwas Natriumacetatlösung. b) *Verdünnte Schwefelsäure*, im Überschuß (3 Raumteile) zugesetzt, scheidet weißes Bleisulfat aus.	Mit *Ammoniak* übergossen, geht Silberchlorid in Lösung und kann aus der nötigenfalls filtrierten Lösung durch Salpetersäure wieder gefällt werden; *Quecksilberchlorür* wird durch Ammoniak geschwärzt und bleibt ungelöst[3].

Das Filtrat von obigem Salzsäureniederschlag werde zur Prüfung nach **B** (Tab. I) verwendet, nachdem es nötigenfalls *durch Eindampfen von Säureüberschuß befreit ist.*

---

[1] Liegt eine Lösung der zu untersuchenden Substanz in Salzsäure oder in Königswasser vor, so ist es überflüssig, auf Gruppe A Rücksicht zu nehmen; man beginne daher die Prüfung bei Gruppe B (Tabelle I).

[2] Aus Brechweinsteinlösung entsteht durch Salzsäure auch ein Niederschlag, der sich jedoch in einem Überschusse der Säure wieder löst; ähnlich verhalten sich unter Umständen auch Wismutsalzlösungen.

[3] Bei Gegenwart von Quecksilber kann das Silber nach der Gleichung $2\,Ag + Hg = 2\,Ag + Hg^{\cdot\cdot}$ nach vorübergehender Lösung wieder völlig ausgeschieden werden. Zweckmäßig wird daher der durch Ammoniak geschwärzte Rückstand mit Königswasser behandelt. Quecksilber geht als Chlorid in Lösung, Silber bleibt als käsiges Silberchlorid ungelöst.

IV. Untersuchung der Säuren.

Da bei Berücksichtigung der Löslichkeitsverhältnisse und der Farbe des Untersuchungsobjektes die Anwesenheit gewisser Basen die gleichzeitige Anwesenheit gewisser Säuren ausschließt, so überlege man, ehe man zur Prüfung auf die Säuren schreitet, welche Säuren, bei Berücksichtigung der gefundenen Basen, in dem gegebenen Falle überhaupt vorhanden sein können.

a) *Ist die Substanz in Wasser löslich ohne saure Reaktion:* so kann bei Gegenwart einer andern Base als der *Alkalimetalle* und des *Ammoniums* weder *Kieselsäure*, noch *Kohlensäure*, noch *Phosphorsäure*, noch *Oxalsäure* vorhanden sein, und umgekehrt.

b) *Ist die Substanz in Wasser löslich ohne alkalische Reaktion:* so kann bei Gegenwart eines *Schwermetalls* kein *Sulfid* in der Substanz enthalten sein, ebensowenig kann sich bei Anwesenheit von *Blei* gleichzeitig *Schwefelsäure*, *Brom* oder *Jod* vorfinden.

c) *Ist die Substanz in Wasser mit neutraler oder saurer Reaktion löslich:* so kann bei Anwesenheit von *Barium* und *Strontium* keine Schwefelsäure vorhanden sein, ebensowenig bei Anwesenheit von *Silber-* oder *Merkurosalz* gleichzeitig *Chlor*, *Brom* oder *Jod*.

Darstellung des Sodaauszuges.

Die Prüfung auf Säuren erfolgt im allgemeinen im Sodaauszug. Etwa 1—2g Substanz werden mit einem Überschuß von konz. Sodalösung unter Ersatz des verdampfenden Wassers 5—10 Minuten gekocht und filtriert. Der Niederschlag (Karbonate und Hydroxyde der Metalle) wird einmal mit Wasser gewaschen und dient gegebenenfalls zum Nachweis von schwerlöslichen Sulfiden (s. S. 88). Das Filtrat enthält die Säuren als Natriumsalze.

Die Herstellung des Sodaauszuges erübrigt sich, wenn außer den Alkalien keine Metalle vorhanden sind.

Die Metalle, die Anionen zu bilden vermögen, finden sich ebenfalls im Sodaauszug: Arsen als Arsenit, Arsenat, Sulfarseni(a)t, Antimon in den entsprechenden Verbindungsformen, Zinn gelegentlich als Stannit (oder Stannat), Eisen als Ferro- oder Ferricyanid, Chrom als Chromat und Mangan als Permanganat. Gelegentlich gehen in den Sodaauszug kleine Mengen von Cu, Pb, Al und Zn, die dann beim Neutralisieren des Sodaauszuges als Hydroxyde ausfallen und ohne weitere Berücksichtigung abfiltriert werden. Beim Neutralisieren und Ansäuern können sich weiterhin abscheiden: Kieselsäure, Schwefel aus Thiosulfaten und die Sulfide des Arsens, Antimons und Zinns, welch letztere an der Farbe leicht kenntlich sind und gegebenenfalls nach Tab. IIb zu identifizieren sind.

Auch eine Reihe anderer Metalle können bei Gegenwart von komplexbildenden Anionen, wie Cyanid, Tartrat und Oxalat, in den Sodaauszug übergehen. Es können hierdurch gelegentlich Schwierigkeiten auftreten, doch lassen sich keine allgemeinen Regeln zu ihrer Vermeidung aufstellen.

Vorprüfung auf Säuren (Anionen).

Ein systematischer Trennungsgang wie bei den Kationen, d. h. eine aufeinanderfolgende Abscheidung der Ionengruppen durch einzelne Reagenzien, ist bei den Anionen nicht bekannt. Nach der Tabelle VIII kann man jedoch die An- oder Abwesenheit verschiedener Anionengruppen mit Hilfe von einzelnen Reagenzien feststellen, doch hat diese Prüfung den Charakter einer Vorprüfung. Der Nachweis der Säuren muß durch die unter „Einzelprüfung auf Säuren" angeführten Reaktionen bewerkstelligt werden.

Man beginne die Prüfung mit Kaliumjodid- und Jodlösung auf das Vorhandensein von oxydierenden und reduzierenden Säuren.

Man versetze eine kleine Probe des Sodaauszuges mit Salzsäure bis zur deutlich sauren Reaktion und gebe Kaliumjodidlösung im Überschuß hinzu. Wird Jod frei gemacht (eventuell Prüfung mit Stärkelösung), so kommen die unter 1 angeführten Säuren in Betracht. Die Prüfung auf Gruppe 2 mit Jodlösung erübrigt sich dann[1]. Wurde aus Kaliumjodidlösung kein Jod ausgeschieden, so versetze man eine zweite schwach angesäuerte Probe des Sodaauszuges mit einem Tropfen einer etwa n/10 Jodlösung. Tritt Entfärbung ein, so kann eine der unter 2 angegebenen Säuren vorhanden sein.

Eine weitere Probe des mit *Salpetersäure* genau neutralisierten Sodaauszuges versetze man mit Silbernitratlösung. Tritt keine Fällung ein, so erhitze man, da Formiate erst in der Wärme mit Silbernitrat unter Abscheidung von Silber reagieren. Findet auch jetzt keine Fällung statt, so sind die unter 3, 4 und 5 angegebenen Säuren nicht vorhanden. Entsteht dagegen ein Niederschlag, so können Säuren von einer Gruppe oder von allen dreien vorhanden sein. Man beachte die Farbe, da diese einen weiteren Hinweis gestattet. Unter Umständen treten auch Farbwechsel auf. So fallen die Silbersalze von Thiosulfat, Sulfit und Hypophosphit zunächst weiß aus, gehen aber, besonders beim Erwärmen, alsbald unter Gelb- und Braunfärbung in schwarz (Ag_2S, Ag) über. Wegen dieser Farbänderung sind diese Säuren sowohl unter 4 wie unter 5 aufgeführt.

Den mit Silbernitrat erhaltenen Niederschlag untersuche man dann auf seine Löslichkeit in Salpetersäure. Löst er sich darin, so ist Gruppe 3 nicht vorhanden; tritt keine Lösung ein, so koche man mit Salpeter-

---

[1] Die gleichzeitige Anwesenheit von oxydierenden und reduzierenden Säuren ist im allgemeinen nicht möglich, da sie sich gegenseitig beeinflussen. Denkbare Kombinationen zwischen oxydierenden und reduzierenden Säuren können nicht berücksichtigt werden.

säure, da die Fällungen einiger Säuren der Gruppe 4 und 5, z. B. Ag_2S, $AgJO_3$, $AgBrO_3$, Ag (aus Phosphit, Hypophosphit und Formiat) erst in der Hitze in HNO_3 löslich sind.

Bleibt auch jetzt noch der Niederschlag ganz oder zum Teil ungelöst, so kommen Säuren der Gruppe 3 in Betracht.

Ob gleichzeitig auch Säuren der Gruppe 4 und 5 vorhanden sind, entscheide man in diesem Falle durch die Einzelprüfungen.

Ferner wird eine Probe des neutralisierten Sodaauszuges mit Bariumchloridlösung versetzt. Fällt kein Niederschlag, so sind die unter 6 und 7 angeführten Säuren nicht vorhanden (s. Tab. VIII Anm.); im gegenteiligen Falle prüfe man den entstandenen Niederschlag auf seine Löslichkeit in Salzsäure. Löst er sich, so kommen Säuren der Gruppe 7 in Betracht, löst er sich nicht oder nur teilweise, so ist eine Säure der Gruppe 6 vorhanden.

Durch Beobachtung der vorstehenden Tatsachen und durch eine sinnentsprechende Verwendung der Tabelle wird man eine Reihe von Säuren von der Einzelprüfung ausschließen können. Hat man z. B. einen in Salzsäure löslichen Niederschlag mit Bariumchlorid (Gr. 7) erhalten und ist die Prüfung auf oxydierende Substanzen nach Gruppe 1 negativ verlaufen, so ist es unnötig, auf Chromate, Arsenate, Antimonate und Jodate zu prüfen, ebenso können bei negativem Ausfall der Prüfung auf reduzierende Substanzen nach Gruppe 2 keine Sulfite, Thiosulfate, Arsenite und Antimonite zugegen sein usw.

Einzelprüfung auf Säuren.

Chlor-, Brom- und Jodwasserstoff.

α) Bei Abwesenheit von Cyanverbindungen, s. S. 74.

Zur Prüfung auf Halogenwasserstoffsäuren benutze man den mit Salpetersäure angesäuerten Sodaauszug (A); bei Gegenwart von **Silber** (Wismut) behandle man eine Probe der ursprünglichen Substanz mit zerkleinertem Zink und verdünnter Schwefelsäure, bis die lebhafte Wasserstoffentwicklung beendet ist. Das Filtrat versetze man mit verdünnter Salpetersäure und benutze diese Lösung (B) zur Prüfung nach 1, 2 und 3.

1. *Chlorwasserstoff.* Eine Probe der Lösung A oder B werde mit *einem* Tropfen Silbernitratlösung (1 : 20) versetzt. Ist der hierdurch hervorgerufene Niederschlag, nach dem Umschütteln und darauffolgendem Absetzenlassen der Mischung im Dunkeln, *rein weiß* gefärbt, so ist *nur Chlorwasserstoff*[1] zugegen, ist der entstandene Niederschlag

---

[1] Bei gleichzeitiger Anwesenheit von Bromat und Jodat ist der Ausfall eines weißen Niederschlages nicht beweisend für das Vorhandensein von Chlorid, da insbesondere Jodat ein schwer lösliches, weißes Silbersalz bildet. Auf Zusatz von schwefliger Säure ändern die Silbersalze von Bromat bzw. Jodat ihre Farbe in blaßgelb bzw. gelb.

dagegen *gelblich* oder *gelb* gefärbt, so ist auch *Brom-* oder *Jodwasserstoff* vorhanden. Im letzteren Falle prüfe man auf Chlorwasserstoff nach 1a und 1b, auf *Brom-* und *Jodwasserstoff* nach 2 und 3.

Sind die Lösungen A oder B *gefärbt* (durch *Chromate* usw.), so lasse man den durch einen Tropfen Silbernitratlösung entstandenen Niederschlag absetzen und wasche ihn zur Beurteilung der Farbe einigemal mit Wasser durch Dekantieren aus.

a) Man füge obiger, zunächst nur mit *einem* Tropfen Silbernitratlösung versetzten Flüssigkeit *tropfenweise* weitere Silbernitratlösung zu und schüttle die Mischung nach jedem Zusatze kräftig um. Fährt man mit dem Zusatz der Silbernitratlösung in dieser Weise fort, *bis keine weitere Fällung* mehr erfolgt, so scheidet sich hierbei zunächst gelbes *Silberjodid*, dann blaßgelbes *Silberbromid* und schließlich *reinweißes Silberchlorid* aus.

b) Diesen, durch *überschüssiges* Silbernitrat (nach 1a) erhaltenen Niederschlag wasche man im Reagensglase (durch Dekantieren) mit heißem, salpetersäurehaltigem Wasser solange aus, bis in der klar abgegossenen Flüssigkeit durch Salzsäure keine Trübung mehr eintritt, trenne dann die überstehende Flüssigkeit möglichst vollständig von dem Niederschlage und schüttle letzteren schließlich mit der 10fachen Menge Ammoniumkarbonatlösung[1] kräftig 1 Minute lang. Hierauf filtriere man und versetze das klare Filtrat mit einem Tropfen Kaliumbromidlösung (1 : 10). Bei Gegenwart von *Silberchlorid* tritt eine *starke*, milchige Trübung ein, die sich allmählich zu käsigen Flocken vereinigt.

2. *Bromwasserstoff.* Der nach 1 (s. oben) durch *einen* Tropfen Silbernitratlösung erhaltene Niederschlag sieht *blaßgelb* aus.

a) Das bei der Prüfung nach 1b von dem Ammoniumkarbonat *nicht gelöste* Halogensilber werde einige Zeit mit zerkleinertem Zink und verdünnter Schwefelsäure behandelt, die Flüssigkeit nach Beendigung *der lebhaften Wasserstoffentwicklung* filtriert, alsdann mit etwas Chloroform und schließlich *tropfenweise* mit starkem Chlorwasser versetzt. Nach Zusatz jedes Tropfens Chlorwasser werde die Mischung kräftig umgeschüttelt: Gelb- bis Braunfärbung des Chloroforms. Ein *Überschuß* an Chlorwasser ist zu vermeiden.

Sollte durch Zusatz des Chlorwassers zunächst eine *Violettfärbung* des Chloroforms: **Jod**, eintreten, so setze man unter kräftigem Umschütteln weiter *tropfenweise* Chlorwasser zu, bis die Violettfärbung verschwunden ist. Ein weiterer kleiner Zusatz von Chlorwasser ruft dann bei Gegenwart von Bromwasserstoff schließlich eine gelbe oder braune Färbung des Chloroforms hervor.

---

[1] 1 Teil zerriebenes, durchscheinendes käufliches Ammoniumkarbonat, gelöst in 9 Teilen Wasser.

Zu der Prüfung 2a kann meist auch unmittelbar ein Teil der Lösung A bzw. B (S. 85) verwendet werden, jedoch treten bei Gegenwart von leicht oxydierbaren Substanzen (z. B. $SnCl_2$, $FeCl_2$) die Brom- oder Jodfärbungen des Chloroforms erst dann ein, wenn jene Substanzen durch das zugesetzte Chlorwasser oxydiert sind.

b) Eine Probe der ursprünglichen Substanz werde, wenn sie nicht *gleichzeitig Chromate und Chloride* enthält, mit der gleichen Menge Braunsteinpulver gemischt und das Gemisch mit der 2- bis 3fachen Menge konzentrierter Schwefelsäure gelinde erwärmt: Entwicklung von braunen Bromdämpfen.

3. *Jodwasserstoff.* Der nach 1 (S. 86) durch *einen* Tropfen Silbernitratlösung erhaltene Niederschlag sieht *gelb* aus.

a) Die Gegenwart von Jodwasserstoff ergibt sich bereits bei der Prüfung 2a: Violettfärbung des Chloroforms.

b) Eine Probe der ursprünglichen Substanz werde mit Eisenchloridlösung gelinde erwärmt, die Mischung mit Wasser verdünnt und mit Stärkelösung versetzt: Blaufärbung.

β) Bei Anwesenheit von Cyanverbindungen.

4. Um *Chlor-, Brom-, Jodwasserstoff neben Cyanverbindungen* nachzuweisen, werde der durch *überschüssige* Silbernitratlösung in salpetersaurer Lösung (A bzw. B, S. 85) erhaltene Niederschlag durch Dekantieren im Reagensglase ausgewaschen, noch feucht mit einer Mischung gleicher Raumteile konzentrierter Schwefelsäure und Wasser übergossen und die Mischung einige Minuten gekocht:

a) Löst sich der Niederschlag (namentlich nachdem das Auskochen mit Schwefelsäure wiederholt ist) *vollständig*, so ist weder Chlor-, noch Brom-, noch Jodwasserstoff vorhanden.

b) Löst sich der Niederschlag *nur teilweise*, so koche man das Ungelöste nach dem Dekantieren der darüberstehenden Lösungen abermals mit obiger Schwefelsäuremischung aus, lasse erkalten, verdünne mit Wasser und wasche das Ungelöste durch Dekantieren aus. Hierauf prüfe man es nach 1b (S. 86) mit Ammoniumkarbonatlösung auf *Chlor* und nach 2a (S. 86) auf *Brom* und *Jod.*

5. *Unterchlorige Säure.* Beim Versetzen des Sodaauszuges mit Kaliumjodidlösung wird Jod in Freiheit gesetzt. Um auf gleichzeitig vorhandenes Chlorid oder Chlorat zu prüfen, schüttle man den mit Schwefelsäure *schwach* angesäuerten Sodaauszug einige Zeit mit metallischem Quecksilber und benutze das Filtrat zur Prüfung auf Chlorid und Chlorat in der üblichen Weise. Bei Vorhandensein von Hypochlorit ist stets mit der Gegenwart von Chlorid zu rechnen.

6. *Chlorsäure.* Der mit Salpetersäure angesäuerte Sodaauszug werde mit Silbernitrat versetzt. Entsteht hierbei kein Niederschlag, so füge man schweflige Säure hinzu, war dagegen mit Silbernitrat ein Niederschlag entstanden, so fälle man mit Silbernitrat im Überschuß und füge zu dem klaren Filtrat schweflige Säure. Hinterbleibt nach dem Aufkochen (Ag_2SO_3 löst sich erst in der Hitze) ein weißer käsiger Niederschlag von Silberchlorid, so war *Chlorat* anwesend. War

der Niederschlag nicht rein weiß, so identifiziere man ihn nach gründlichem Auswaschen (nach S. 86 1 b) als Chlorsilber.

7. *Überchlorsäure.* Der mit Essigsäure angesäuerte Sodaauszug werde in der Kälte mit gesättigter Kaliumacetatlösung versetzt. Der mit wenig kaltem Wasser gewaschene Niederschlag werde in heißem Wasser gelöst und mit einigen Tropfen Methylenblaulösung versetzt: bronzefarbene, glitzernde Fällung, besonders gut in der Aufsicht wahrnehmbar.

8. *Schwefelsäure.* Der Sodaauszug wird mit verdünnter Salzsäure angesäuert, erwärmt und die klare Lösung mit wenig Bariumchloridlösung versetzt: weißer, feinkörniger Niederschlag. Bei Gegenwart von Kieselfluorwasserstoffsäure bzw. Kieselsäure und Flußsäure ist der entstandene Niederschlag durch die Heparprobe als Sulfatniederschlag zu identifizieren.

9. *Schwefelwasserstoff.* Enthält die Substanz leicht lösliche Sulfide, so entwickelt sie beim Erhitzen mit verdünnter Salzsäure Schwefelwasserstoff, der durch den Geruch und die Bräunung von Bleipapier erkannt werden kann. Schwerlösliche Sulfide — sie sind stark farbig — entwickeln mit verdünnter Salzsäure erst nach Zugabe von granuliertem Zink Schwefelwasserstoff, jedoch können auch andere Schwefelverbindungen (Thiosulfat, Sulfit, elementarer Schwefel) unter diesen Bedingungen zu Schwefelwasserstoff reduziert werden. Bei Anwesenheit dieser Schwefelverbindungen prüft man auf Schwefelwasserstoff im Sodaauszug, wie unter 10 angegeben, und im ausgewaschenen Rückstand des Sodaauszuges. Letzterer wird mit Zink und Salzsäure auf Schwefelwasserstoff geprüft. Auch die Jodazidreaktion (S. 43) ist zum Nachweis auch der schwerlöslichen Sulfide sehr brauchbar.

Schwerlösliche Sulfide geben bei der Lösung der Substanz in Königswasser meist eine Abscheidung von Schwefel in zusammengeballten Massen.

10. *Schweflige Säure* und *unterschweflige Säure* (Thiosulfat).

Beim Übergießen der Substanz mit verdünnter Schwefelsäure sowie beim Ansäuern des Sodaauszuges entwickeln Sulfite und Thiosulfate Schwefeldioxyd, das durch den Geruch und durch die vorübergehende Blaufärbung von Jodsäurestärkepapier erkannt werden kann. Bei Thiosulfaten findet gleichzeitig eine allmähliche Abscheidung von Schwefel statt. Wenn die Schwefelabscheidung unterbleibt, so handelt es sich nur um Sulfit, tritt sie dagegen auf, so werde zur Trennung von Sulfit, Thiosulfat und Sulfid der Sodaauszug mit überschüssiger Zinkammonchloridlösung[1] versetzt. Der ausfallende Niederschlag, der aus Zinksulfid bestehen kann, wird abfiltriert und durch Übergießen mit verdünnter Salzsäure auf Schwefelwasserstoff geprüft. Das Filtrat wird mit Essigsäure genau neutralisiert (Vorsicht, bei Thiosulfat nicht übersäuern) und mit neutraler Strontiumnitratlösung versetzt. Ein ausfallender Niederschlag, der aus Strontiumsulfit und Strontiumsulfat bestehen kann, wird abfiltriert und mit Wasser ausgewaschen. Im Filtrat kann Thiosulfat durch die Schwefelabscheidung beim Erwärmen mit Salzsäure nachgewiesen werden. Der ausgewaschene Niederschlag wird auf Sulfit untersucht durch Übergießen mit verdünnter Salzsäure. Es entweicht Schwefeldioxyd und die salzsaure Lösung entfärbt Jodlösung.

---

[1] Zinkchlorid wird in Wasser gelöst und solange mit Ammoniak versetzt, bis sich der zunächst ausfallende Niederschlag wieder gelöst hat.

11. *Salpetersäure.* Der Sodaauszug werde mit verdünnter Schwefelsäure angesäuert, mit dem gleichen Volumen konzentrierter Schwefelsäure gemischt und die *heiße* Mischung alsdann mit Ferrosulfatlösung überschichtet: Braune, bisweilen erst allmählich auftretende Zone an der Berührungsfläche.

Nitrite, Chromate, Jodide, Bromide, Chlorate, Bromate, Jodate, Ferri- und Ferrocyanide, Rhodanide, Thiosulfate und *Sulfite* können die Reaktion stören.

Zur Entfernung von Nitrit werde der Sodaauszug mit gesättigter Harnstofflösung versetzt und mit verd. Schwefelsäure angesäuert. Nach einigen Minuten ist die salpetrige Säure unter Stickstoffentwicklung zerstört, worauf die Prüfung auf Salpetersäure wie oben erfolgen kann.

Zur Entfernung der anderen störenden Säuren werde der mit Essigsäure angesäuerte Sodaauszug — falls Chlorate, Bromate und Jodate vorhanden sind, zunächst mit schwefliger Säure im Überschuß versetzt und aufgekocht — anderenfalls direkt mit Silberperchloratlösung[1] und Natriumacetatlösung versetzt. Der entstandene Niederschlag wird abfiltriert und das Filtrat nötigenfalls nach dem Einengen, wie oben, auf Salpetersäure geprüft.

Bei Abwesenheit von stickstoffhaltigen Verbindungen (Ammoniak, Nitrit, Rhodanid, Cyanverbindungen) ist auch die Reaktion S. 44d zum Nachweis von Nitrat anwendbar.

12. *Salpetrige Säure.* Der mit Essigsäure angesäuerte Sodaauszug ergibt beim Versetzen mit Ferrosulfatlösung sofort eine schwarzbraune Färbung. Die Reaktion kann gestört werden durch Säuren der Gruppe 1 (Tab. VIII) und durch Ferrocyanid, Ferricyanid und Rhodanid. Für den Nachweis kleinerer Mengen Nitrit eignen sich besonders die Bismarck-Braun- oder Antipyrin-Reaktionen (S. 44), die auch weniger Störungen aufweisen.

13. *Kohlensäure.* Eine Probe der ursprünglichen Substanz werde mit Wasser angeschüttelt, das Gemisch aufgekocht und alsdann mit Salzsäure vorsichtig versetzt: Entwicklung eines *geruchlosen* Gases (Aufbrausen), das beim Annähern eines mit Barytwasser befeuchteten Glasstabes diesen *sofort* weiß beschlägt. Bei Gegenwart von Sulfit tritt gleichfalls eine Baryttrübung auf. In diesem Falle schüttle man die Ursubstanz statt mit Wasser mit Kaliumdichromatlösung an.

14. *Phosphorsäure.* Die Prüfung auf Phosphorsäure wird im allgemeinen vor und in der Ammoniumsulfidgruppe (s. Tab. III) vorgenommen. Sollte mit Schwefelwasserstoff kein Niederschlag entstanden sein, so wird zur Prüfung auf Phosphorsäure die ursprüngliche Substanz mit verdünnter Salpetersäure erwärmt, gegebenenfalls filtriert und das Filtrat mit einem mehrfachen Volumen salpetersaurer Ammonmolybdatlösung versetzt: gelber, kristalliner Niederschlag. Ferro- und Ferricyanide sind zuvor mit Silbernitrat zu entfernen.

---

[1] Zur Darstellung von Silberperchloratlösung wird Silbernitratlösung mit etwas mehr als der berechneten Menge Natronlauge versetzt und das ausgefallene Silberoxyd solange mit heißem Wasser ausgewaschen, bis im Waschwasser mit Diphenylaminschwefelsäure kein Nitrat mehr nachweisbar ist. Der Silberoxydniederschlag wird in möglichst wenig verdünnter Überschlorsäure gelöst.

Enthält die Substanz nur Alkalimetalle, also nur K-, Na-, Li- und NH_4-Verbindungen (aber keine Arsensäure), so wird die wäßrige Lösung der Substanz mit Salzsäure stark angesäuert, mit Ammoniak alkalisiert und mit Magnesiumsulfat versetzt: sofort oder nach einiger Zeit weißer kristalliner Niederschlag, der nach dem Filtrieren und Auswaschen mit Wasser durch Silbernitrat gelb gefärbt wird (Rotbraunfärbung deutet auf Arsensäure hin).

15. *Borsäure.* Sie wird in der ursprüglichen Substanz mit Hilfe der Boresterreaktion (s. S. 48a) nachgewiesen.

Über die Curcumareaktion der Borsäure s. S. 49.

16. *Oxalsäure.* Der mit Essigsäure angesäuerte Sodaauszug werde mit wenig Calciumchloridlösung versetzt: allmählich weiße Trübung oder Fällung.

Ist gleichzeitig *Flußsäure* vorhanden, so filtriere man den Niederschlag ab, wasche Ihn mit Wasser aus und erwärme ihn mit verdünnter Schwefelsäure. Die erwärmte Mischung entfärbt einen zugesetzten Tropfen Permanganatlösung (1 : 1000) bei Gegenwart von Oxalsäure.

Bei größeren Konzentrationen von Ferrocyanid kann in Ausnahmefällen mit Calciumchlorid eine sehr langsame Abscheidung eintreten, weshalb bei Gegenwart von Ferrocyanid die Calciumfällung nach Lösen in Salzsäure mit Ferrichlorid zu prüfen ist. Entsteht ein blauer Niederschlag, wiederhole man die Calciumfällung mit verdünnteren Lösungen.

17. *Ameisensäure.* *Beim Verreiben der Substanz* mit saurem Kaliumsulfat tritt ein stechender Geruch auf. Zur weiteren Kennzeichung werde eine Probe der Substanz mit einem Überschuß verd. Schwefelsäure versetzt und destilliert. Das Destillat gibt

a) beim Erwärmen mit Quecksilberchlorid und Natriumacetat eine weiße Fällung von Kalomel. Bei gleichzeitigem Vorhandensein von schwefliger Säure ist diese zuvor mit Bariumchloridlösung auszufällen.

b) mit 0,2 Resorcin versetzt und mit konz. Schwefelsäure unterschichtet beim Erwärmen der letzteren einen orangefarbenen Ring, der oberhalb der Trennungslinie beider Flüssigkeiten liegt (s. auch Wein- und Oxalsäure).

18. *Essigsäure.*

a) Beim gelinden Erwärmen der Substanz mit überschüssiger verd. Schwefelsäure oder beim Verreiben der Substanz mit Kaliumbisulfat tritt der Geruch nach Essigsäure auf.

b) Eine Probe der ursprünglichen Substanz werde mit dem gleichen Raumteile Alkohol und konz. Schwefelsäure in einem Reagensglase bis nahe zum Kochen erhitzt: Geruch nach Essigäther, besonders nachdem die Mischung *einige Zeit gestanden hat.* (Bei Gegenwart von Oxydationsmitteln unbrauchbar.)

c) In zweifelhaften Fällen führe man auch die Indigoprobe und Kakodylreaktion (s. S. 59) aus. Außerdem vermag eine Wasserdampfdestillation die Essigsäure von vielen schwer oder nicht flüchtigen Säuren zu trennen. Dadurch gewinnen die mit dem neutralisierten und evtl. eingedampften Destillat ausgeführten Reaktionen an Eindeutigkeit.

19. *Weinsäure.*

a) Beim Erhitzen der Substanz auf einem Tiegeldeckel tritt unter Verkohlung der Geruch nach Karamel auf. Beim Erhitzen der Substanz mit konz. Schwefelsäure färbt diese sich braun bis schwarz (s. S. 68). Die Verkohlungserscheinungen treten in beiden Proben bei Gegenwart von Nitrat oder anderen Oxydationsmitteln häufig nicht auf.

b) Der Sodaauszug wird mit Ameisensäure sauer gemacht und bis fast zur Trockne eingedampft. Hierauf setze man 20 Tropfen Calciumacetatlösung von 10 vH zu und stelle das Gemisch einige Zeit beiseite: *allmähliche* Ausscheidung farbloser Kristalle, die nach wiederholtem Abspülen mit *wenig* Wasser nach 19a oder 19d als Calciumtartrat weiter identifiziert werden können.

c) Kocht man eine Probe der ursprünglichen Substanz oder einen schwach salzsauren Auszug mit Kaliumkarbonatlösung, filtriert, übersättigt das Filtrat mit Essigsäure und dampft bis fast zur Trockne ein, so scheiden sich *nach einiger Zeit* kleine, weiße Kristalle von Weinstein ab, die nach dem Auswaschen mit wenig Wasser beim Erhitzen auf dem Platinblech unter Entwicklung von Karamelgeruch schwarz werden.

d) Der Sodaauszug werde mit verdünnter Schwefelsäure angesäuert, mit etwa 0,2 g Resorcin versetzt und mit 5 ccm konz. Schwefelsäure unterschichtet. Erwärmt man über kleiner Flamme *nur* die konz. Schwefelsäure, so entsteht bei Gegenwart von *Weinsäure* eine Rotviolettfärbung der konz. Schwefelsäure (s. auch S. 61).

Die Gegenwart von Nitrat, Nitrit, Bromid, Jodid, Thiosulfat und Säuren der Gruppe I (Tab. VIII) stört die Reaktion.

Bei ihrer Gegenwart prüfe man die oben nach 19b und c erhaltenen Kriställchen von Calciumtartrat bzw. Weinstein nach dem Lösen in verdünnter Schwefelsäure. Da aber bei Anwesenheit von Komplexbildnern, wie $Al^{...}$, $Fe^{...}$, $Cr^{...}$, mit der Abscheidung als Calciumtartrat oder Weinstein nicht mit Sicherheit zu rechnen ist, verfahre man in solchen Fällen folgendermaßen. Man säure den Sodaauszug schwach mit Schwefelsäure an und gebe Kupfersulfat und schweflige Säure im Überschuß hinzu, erwärme und filtriere. Das Filtrat werde zur Vertreibung der schwefligen Säure einige Zeit gekocht und mit zerkleinertem Zink digeriert, bis eine Probe mit Diphenylaminschwefelsäure keine Nitratreaktion mehr gibt. Die vom Kupferschlamm abfiltrierte Lösung prüfe man, nötigenfalls nach dem Einengen, wie oben, mit Resorcinschwefelsäure.

20. *Cyan-, Ferrocyan-, Ferricyan-* und *Rhodanwasserstoff.* Über den Nachweis dieser Säuren s. S. 74.

21. *Fluorwasserstoff.* Über den Nachweis von Fluor s. S. 74.

22. *Kieselsäure.* Häufig scheidet sich aus dem Sodaauszug beim Stehen die Kieselsäure gallertartig ab. Über den Nachweis der Kieselsäure s. S. 75.

Soll in der zu untersuchenden Substanz auch der Nachweis von *Überschwefelsäure, Bromsäure, Jodsäure, Bernsteinsäure, Milchsäure, Äpfelsäure, Zitronensäure, Benzoesäure, Salicylsäure,* sowie von *Vanadin, Titan, Zirkon, Thorium, Cäsium, Rubidium, Thallium, Beryllium, Cer, Molybdän, Wolfram, Uran, Palladium, Selen* und *Tellur* geführt werden, so ist dies nach den in der ersten Abteilung, bezüglich im Anhang angegebenen Reaktionen, oder durch die Vorprüfung zu bewirken.

Ermittlung der in dem Untersuchungsobjekte vorliegenden Verbindungsformen.

Bei der qualitativen Analyse von Salzgemischen usw. genügt es im allgemeinen nicht, lediglich die in den Untersuchungsobjekten enthaltenen Basen und Säuren zu ermitteln, vielmehr ist es zum vollständigen Abschluß der gestellten Aufgabe, besonders für die Praxis, erforderlich, auch die *Verbindungsformen*, in welchen die Einzelbestandteile vorliegen, nach Möglichkeit festzustellen.

Man überlege zu diesem Zwecke zunächst, welche Verbindungsformen, unter Berücksichtigung der ermittelten Basen und Säuren, in dem gegebenen Falle überhaupt in Betracht kommen können, und berücksichtige dann weiter die Anhaltspunkte, die hierfür die Farbe, der Geruch, die Reaktion und die sonstige äußere Beschaffenheit des Untersuchungsobjektes, das Verhalten desselben bei den Vorproben, die bei der Ausführung der Analyse beobachteten Löslichkeitsverhältnisse, sowie sonstige charakteristische Eigenschaften und Reaktionen, die die zu vermutenden Verbindungen eventuell zeigen, in dieser Richtung liefern.

Zur weiteren Orientierung über die Löslichkeitsverhältnisse des vorliegenden Untersuchungsobjektes bereite man sich aus 0,5—1g der fein gepulverten Substanz bei 20—30° *nacheinander* Auszüge mit Alkohol, Wasser, Salzsäure, bzw. Salpetersäure enthaltendem Wasser und schließlich mit Königswasser, und ermittle, welche von den bei der Analyse gefundenen Basen und Säuren in die einzelnen Auszüge übergegangen sind. Berücksichtigt man dann die Löslichkeitsverhältnisse der eventuell in Frage kommenden Verbindungen, so läßt sich nach obigem Befunde zumeist entscheiden, welche Verbindungsformen in dem Untersuchungsobjekte enthalten waren.

Bei der Herstellung obiger Auszüge ist jedoch das Untersuchungsmaterial zunächst erst mit dem einen Lösungsmittel durch Digestion und darauffolgendes Auswaschen zu erschöpfen, ehe man das Ungelöste mit einem weiteren Lösungsmittel in Berührung bringt. Ferner ist zu berücksichtigen, daß die einzelnen Verbindungen bei der Behandlung mit den verschiedenen Lösungsmitteln zum Teil auch Umsetzungen erleiden können. Auch im letzteren Falle ist, unter Berücksichtigung der Löslichkeitsverhältnisse der in Frage kommenden Verbindungen, meist noch die Entscheidung möglich, welche Stoffe in der zu prüfenden Mischung·von vornherein vorliegen, da sie selten darin in äquivalenten Mengen enthalten sind, vielmehr der eine oder andere der sich umsetzenden Bestandteile im Überschuß vorhanden ist.

Zur Identifizierung der vorliegenden Verbindungsformen sind auch die Anmerkungen und Ergänzungen der Tab. I, II und III zu berücksichtigen.

Anhang.

I. Reaktionen einiger seltener Elemente.

1. Vanadin (Vanadinsäure).

a) *Schwefelwasserstoff* und *schweflige Säure* reduzieren die Vanadinsäure (H_3VO_4 bzw. HVO_3) in saurer Lösung zu *Vanadindioxyd*: VO_2, das mit blauer Farbe gelöst bleibt.

b) *Ammoniumsulfid* erzeugt in der Lösung der Vanadinsäure und deren Salze einen braunen Niederschlag, der in gelbem Ammoniumsulfid mit brauner, in farblosem Ammoniumsulfid mit kirschroter Farbe löslich ist. Durch Neutralisation mit Salzsäure scheidet sich aus letzterer Lösung braunes Vanadinsulfid ab.

c) *Gerbsäure* fällt die neutralen vanadinsauren Salze blauschwarz.

d) *Zink* ruft in der salzsauren Lösung der Vanadate eine blaue Färbung hervor.

e) Schüttelt man die angesäuerte Lösung eines vanadinsauren Salzes mit Wasserstoffsuperoxydlösung und Äther, so nimmt die Lösung eine dunkelrote Farbe an, dagegen bleibt der Äther ungefärbt.

f) In der *Borax-* und in der *Phosphorsalzperle* lösen sich die Vanadinsäure und die Oxyde des Vanadins in der oxydierenden Flamme mit gelblicher Farbe auf. In der reduzierenden Flamme färbt sich die Perle in der Hitze braun, beim Erkalten schön grün.

Zum Nachweis von Vanadin im *Brauneisenstein, Eisenschlacken* usw. schmelze man diese (in nicht zu kleiner Menge) im fein gepulverten Zustande mit Salpeter und Soda, ziehe die Schmelze mit wenig Wasser aus und weise in dieser, eventuell gelb gefärbten Lösung das Vanadin nach obigen Angaben nach.

Vanadinblei löst sich in Salpetersäure beim Kochen auf. Auf der Kohle liefert es ein Bleikorn, in der Phosphorsalzperle die Vanadinreaktion.

2. Titan (Titansäure).

a) *Ammoniak, ätzende* und *kohlensaure Alkalien*, sowie *Ammoniumsulfid* scheiden aus salzsaurer Lösung der Titansäureverbindungen weiße, gallertartige *Orthotitansäure*: H_4TiO_4, ab, die nach dem Auswaschen mit kaltem Wasser in Salzsäure löslich ist. Findet die Fällung durch obige Agenzien in der Siedehitze statt, so scheidet sich weiße, in Salzsäure unlösliche *Metatitansäure*: H_2TiO_3, bzw. *Polytitansäure* aus. *Schwefelwasserstoff* ruft keine Fällung hervor.

b) *Metallisches Zink* oder *Zinn* scheiden aus der salzsauren Lösung der Titansäure *Titansesquioxyd* ab, das zunächst mit violetter Farbe gelöst bleibt, allmählich sich aber als violettes Pulver absetzt.

c) *Wasserstoffsuperoxyd* ruft in salzsaurer oder schwefelsaurer Lösung eine intensiv gelbe bis tief orangerote Färbung hervor.

d) *Kaliumferrocyanid* erzeugt in salzsaurer Lösung eine dunkelbraune Fällung.

e) Die *Phosphorsalzperle* wird in der Oxydationsflamme nicht gefärbt; bei langanhaltendem Erhitzen in der Reduktionsflamme tritt nach dem Erkalten Violettfärbung ein. Ein Zusatz von etwas Zinnfolie beschleunigt diese Färbung. Eisenhaltige Titansäure (z. B. Rutil, Titaneisen) färbt die Phosphorsalzperle in der reduzierenden Flamme blutrot.

Unlösliche Titansäureverbindungen werden durch längeres Schmelzen mit saurem Kaliumsulfat (1 : 6) aufgeschlossen. Durch Behandeln der kalten Schmelze mit viel kaltem Wasser, dem einige Tropfen verdünnter Schwefelsäure zugesetzt sind, geht die Titansäure in Lösung und kann alsdann darin durch obige Reaktionen erkannt werden; bei längerem Kochen scheidet sich aus obiger Lösung unlösliche Metatitansäure bzw. Polytitansäure aus (vgl. auch S. 103).

3. Zirkonium.

a) *Schwefelwasserstoff* ruft in den Lösungen der Zirkonsalze keine Fällung hervor; *Ammoniumsulfid* scheidet weißes, gallertartiges Zirkonhydroxyd: $Zr(OH)_4$, ab.

b) *Ammoniak, Kalilauge* und *Natronlauge* scheiden weißes, gallertartiges *Zirkonhydroxyd*: $Zr(OH)_4$, ab, das in einem Überschuß dieser Fällungsmittel unlöslich ist (Unterschied von Al und Be). In verdünnten Säuren ist der Niederschlag leicht löslich, wenn die Fällung in der Kälte vorgenommen wurde, schwer löslich dagegen bei heißer Fällung.

c) *Ammoniumkarbonat* fällt weißes, flockiges Zirkonkarbonat, das in einem Überschuß des Fällungsmittels leicht löslich ist, jedoch beim Kochen der Lösung wieder abgeschieden wird.

d) *Oxalsäure* und *Ammoniumoxalat* scheiden weißes, voluminöses Zirkonoxalat ab, das in einem Überschuß der Fällungsmittel leicht löslich ist. Aus der Lösung in Ammoniumoxalat wird das Zirkon durch Salzsäure nicht gefällt (Unterschied vom Th).

e) *Curcumapapier* wird durch die salzsäurehaltige Lösung der Zirkonsalze nach dem Trocknen rotbraun gefärbt.

Zirkonerde: (ZrO_2), wird in sehr fein gepulvertem Zustande durch längeres Erhitzen mit einem Gemisch aus 2 Teilen konz. Schwefelsäure und 1 Teil Wasser und schließlichem Zusatz von Wasser als Sulfat gelöst. *Zirkon*: $ZrSiO_4$, ist in feinster Verteilung mit der 4fachen Menge Kalium-Natriumkarbonat bei sehr hoher Temperatur im Platintiegel zu schmelzen. Beim Behandeln der Schmelze mit Wasser löst sich das gebildete Natriumsilikat, wogegen das *Natriumzirkonat*: Na_4ZrO_4, hydrolytisch unter Bildung von NaOH und Abscheidung von sandigem, im Wasser unlöslichem Zirkonhydrat gespalten wird. Letzteres ist nach dem Auswaschen dann in starker Salzsäure oder besser Schwefelsäure (2 Teilen H_2SO_4, 1 Teil H_2O) zu lösen.

4. Thorium.

a) *Schwefelwasserstoff* ruft in den Lösungen der Thoriumsalze keine Fällung hervor; *Ammoniumsulfid* scheidet weißes Thoriumhydroxyd: $Th(OH)_4$, ab.

b) *Ammoniak* und *Kalilauge* scheiden weißes Thoriumhydroxyd ab, unlöslich in einem Überschuß der Fällungsmittel, leicht löslich in verdünnten Säuren.

c) *Ammoniumkarbonat* fällt weißes, in einem Überschuß des Fällungsmittels lösliches Thoriumkarbonat. Beim Erwärmen dieser Lösung auf 50° scheidet sich Basisch-Thoriumkarbonat aus, das beim Erkalten der Flüssigkeit jedoch wieder in Lösung geht.

d) *Ammoniumoxalat* scheidet Thoriumoxalat aus, das sich bei Siedehitze, wenn nicht zuviel freie Schwefelsäure vorhanden ist, in einem großen Überschuß von Ammoniumoxalat wieder löst. Salzsäure scheidet aus der siedenden Lösung dieses Ammonium-Thoriumoxalats fast alles Thorium als Oxalat wieder ab (Unterschied von Zirkonium).

e) In neutraler Lösung werden die Thoriumsalze durch *Natriumthiosulfat*, in ammoniakalischer Lösung durch *Wasserstoffsuperoxyd*, in salpetersaurer Lösung durch *Kaliumjodat*, in salzsaurer Lösung durch *unterphosphorsaures Natrium* gefällt,

f) *Kaliumsulfat* fällt Kalium-Thoriumsulfat: $K_4Th(SO_4)_4 + 2H_2O$, schwer löslich in Wasser, unlöslich in konzentrierter Kaliumsulfatlösung.

Monazit, Thorit und *Gadolinit* werden in feiner Verteilung durch konzentrierte Schwefelsäure beim Erhitzen aufgeschlossen.

5. Cäsium und Rubidium.

a) *Platinchlorid, Weinsäure, Kieselfluorwasserstoffsäure* und *Überchlorsäure* verhalten sich wie gegen die Kaliumsalze.

b) Die nicht leuchtende Flamme des BUNSENschen Brenners wird durch Cäsium- und Rubidiumsalze violett gefärbt; durch Kobaltglas betrachtet, verschwindet die Flammenfärbung nicht.

c) Das Spektrum der Cäsiumflamme kennzeichnet sich durch zwei intensiv blaue und eine weniger intensive, orangerote Linie. Das Spektrum der Rubidiumflamme zeigt zwei rote und zwei blauviolette Linien.

6. Thallium.

Das Thallium tritt in seinen Verbindungen einwertig (Thallosalz) und dreiwertig (Thallisalz) auf. Durch Reduktion mit schwefliger Säure gehen die Thallisalze in Thallosalze über. Die nachfolgenden Angaben betreffen die Thalloverbindungen.

a) *Schwefelwasserstoff* scheidet aus neutraler Lösung der Thallosalze starker Säuren nur einen Teil des Thalliums als schwarzes *Thallosulfid*: Tl_2S, ab; bei Anwesenheit von freien Mineralsäuren findet keine Fällung statt, wohl aber nach Zusatz von Natriumacetat im Überschuß.

b) *Ammoniumsulfid* fällt schwarzes *Thallosulfid*: Tl_2S, unlöslich in einem Überschuß des Fällungsmittels, leicht löslich in Salpetersäure, schwieriger löslich in Salzsäure und verdünnter Schwefelsäure.

c) *Salzsäure* und lösliche *Chloride* fällen weißes *Thallochlorid*: TlCl.

d) *Jodkalium* scheidet gelbes *Thallojodid*: TlJ, ab.

e) *Platinchloridchlorwasserstoff* erzeugt einen gelben kristallinischen Niederschlag (Tl_2PtCl_6).

f) *Ammoniak, ätzende* und *kohlensaure Alkalien* rufen keine Fällung hervor.

g) Thallium und seine Salze färben die Flamme intensiv grün; das Spektrum zeigt eine charakteristische grüne Linie bei 535 $\mu\mu$.

7. Beryllium.

a) *Ätzende* und *kohlensaure Alkalien* bewirken weiße Fällungen, die sich in einem großen Überschusse des Fällungsmittels *in der Kälte* wieder lösen; beim Kochen letzterer Lösungen tritt von neuem Fällung ein.

b) *Ammoniumkarbonat* scheidet weißes, in einem Überschuß des Fällungsmittels lösliches Berylliumkarbonat ab (Unterschied vom Aluminium). Beim

Kochen dieser Lösung findet eine Abscheidung von Basisch-Berylliumkarbonat statt.

c) *Schwefelwasserstoff* ruft keine Fällung hervor; *Ammoniumsulfid* fällt weißes Hydroxyd: $Be(OH)_2$.

Natürliche Beryllverbindungen (Beryll, Chrysoberyll, Euklas usw.) sind durch Schmelzen mit der 4fachen Menge Kalium-Natriumkarbonat aufzuschließen. Die Schmelze ist dann zur Abscheidung der Kieselsäure mit Salzsäure im Überschuß zur staubigen Trockne einzudampfen, der Rückstand mit starker Salzsäure zu durchfeuchten und nach einiger Zeit schließlich mit Wasser zu extrahieren. Letztere Lösung ist dann zur Prüfung auf Be usw. zu verwenden. Die wasserlöslichen Berylliumsalze besitzen süßen Geschmack.

8. Cer.

Die Cer-3-(*Cero-*)*salze* sind ungefärbt; die wasserlöslichen besitzen süßen, etwas zusammenziehenden Geschmack und zeigen kein Absorptionsspektrum. Die Cer-4-(*Ceri-*)*salze* sind gelb, gelbrot oder braun gefärbt. Die Cerosalze werden durch Oxydationsmittel, wie Ammoniumpersulfat, PbO_2 und Salpetersäure, Hypochlorite usw., in Cerisalze übergeführt. Cerisalze werden durch schweflige Säure, Alkohol, Schwefelwasserstoff und andere Reduktionsmitttel unter Entfärbung in Cerosalze verwandelt.

Die nachstehenden Reaktionen betreffen die *Cerosalze.*

a) *Schwefelwasserstoff* verursacht in den Lösungen der Cerosalze keine Fällung; *Ammoniumsulfid* scheidet weißes *Cerhydroxyd*: $Ce(OH)_3$, ab.

b) *Kalilauge* und *Ammoniak* fällen weißes, in einem Überschusse des Fällungsmittels nicht lösliches *Cerhydroxyd*: $Ce(OH)_3$, das nach dem Auswaschen und Trocknen an der Luft eine gelbe Farbe annimmt. Streut man von dem hierbei entstandenen Cerdioxydhydrat etwas in eine Lösung von Strychnin in konz. Schwefelsäure (1 : 1000), so tritt eine intensiv blaue, bald in Rotviolett übergehende Färbung auf.

c) *Oxalsäure* scheidet weißes, allmählich kristallinisch werdendes *Cerooxalat* ab, das in überschüssiger Oxalsäurelösung unlöslich ist. Bei Luftzutritt erhitzt, geht das Cerooxalat in *Cerdioxyd*: CeO_2, über, das heiß orangerot, kalt gelblichweiß gefärbt ist.

d) *Kaliumsulfat* (gesättigte Lösung) fällt weißes, in überschüssiger Kaliumsulfatlösung unlösliches *Kaliumcerosulfat*: $3K_2SO_4 + Ce_2(SO_4)_3$.

e) *Natriumhypochlorit* fällt gelbrotes *Cerdioxydhydrat*: $Ce(OH)_4$, das sich in heißer Salzsäure unter Chlorentwicklung löst.

f) *Bleisuperoxyd* in geringer Menge zu einer Lösung eines Cerosalzes in verdünnter Salpetersäure gesetzt, ruft, nachdem die Mischung einige Minuten gekocht ist, eine Gelbfärbung der Lösung (von gebildetem Cerisalz herrührend) hervor.

g) *Wasserstoffsuperoxyd* färbt die mit Ammoniumacetat versetzte Lösung der Cerosalze braun; beim Schütteln der Mischung scheidet sich braunes, gallertartiges Basisch-Cerdioxydacetat aus. In verdünnten Lösungen tritt nur eine Gelbfärbung ein; beim Erwärmen findet jedoch auch hier Abscheidung von Basisch-Cerdioxydacetat statt. Wird die Lösung eines Cerosalzes zunächst mit Wasserstoffsuperoxyd und dann mit sehr verdünntem Ammoniak versetzt, so erfolgt eine rotbraune Fällung.

h) Die *Borax-* und *Phosphorsalzperle* lösen die Cerverbindungen in der Oxydationsflamme mit gelbroter Farbe, die jedoch beim Erkalten verschwindet. In der Reduktionsflamme resultieren farblose Perlen.

Cerit und *Orthit* werden im fein gepulverten Zustande durch Digestion mit konz. Schwefelsäure unter Abscheidung von Kieselsäure gelöst.

9. Molybdän.

a) *Schwefelwasserstoff* erzeugt in geringer Menge in saurer Molybdänsäure-lösung (H_2MoO_4) eine Blaufärbung, in größerer Menge einen braunen in Ammoniumsulfid löslichen Niederschlag (MoS_3). Die über dem braunen Niederschlag befindliche Flüssigkeit ist infolge unvollständiger Fällung meist blau gefärbt. Eine vollständige Fällung als MoS_3 tritt ein, wenn zur Molybdänsäurelösung erst Ammoniumsulfid und dann Salzsäure zugefügt wird.

b) Betupft man die Molybdänsäure oder deren Salze auf einem muldenförmig gebogenen Platinbleche mit *konz. Schwefelsäure*, erhitzt hierauf bis zum lebhaften Verdampfen der Schwefelsäure, läßt alsdann erkalten und haucht schließlich wiederholt auf das Platinblech, so nimmt die Schwefelsäure eine blaue Färbung an.

c) *Kaliumrhodanid* färbt die salzsaure Lösung der Molybdänsäure und der Molybdate gelb, auf Zusatz von Zink tritt eine schön rote Färbung ein. Äther entzieht der roten Flüssigkeit die färbende Verbindung mit orangeroter, an der Luft karminrot werdender Farbe.

d) *Natriumphosphat* erzeugt bei mäßiger Erwärmung (40—50°) in stark salpetersaurer, die Molybdänsäure *im Überschuß* enthaltender Lösung eine gelbe, kristallinische Fällung (s. S. 45, e).

e) *Zink* ruft in salzsaurer Lösung zunächst eine Blaufärbung hervor, die allmählich in Grün und endlich in Braun übergeht.

f) *Wasserstoffsuperoxyd* ruft in der Lösung der Molybdänsäure in mäßig verdünnter Schwefelsäure eine gelbe bis orange Färbung hervor.

g) Die *Phosphorsalzperle* wird in der reduzierenden Flamme grün, die *Boraxperle* dagegen braun gefärbt. Beide Färbungen verschwinden wieder nahezu in der Oxydationsflamme.

Molybdänglanz liefert in der Phosphorsalzperle Molybdänreaktion, färbt die Flamme zeisiggrün und gibt mit Soda auf der Kohle geschmolzen Hepar. Er löst sich in Königswasser und nach dem Rösten in Ammoniak.

Gelbbleierz liefert auf der Kohle ein Bleikorn und in der Phosphorsalzperle Molybdänreaktion. Es wird durch Digestion mit Salpetersäure, meist unter Abscheidung von Molybdänsäure, zersetzt.

10. Wolfram.

a) *Schwefelwasserstoff* fällt die saure Lösung der Wolframverbindungen nicht. Vermischt man sie aber mit *Ammoniumsulfid* und darauf mit Salzsäure, so scheidet sich braunes, in Ammoniumsulfid lösliches *Wolframsulfid*: WS_3, ab. Die über dem Niederschlage befindliche Flüssigkeit zeigt meist eine blaue Farbe.

b) *Säuren* fällen aus der Lösung der Wolframate weiße Wolframsäure: H_2WO_4, die sich beim Kochen gelb färbt, ohne sich im Überschuß der Säure zu lösen.

c) *Zinnchlorür* bewirkt in der Lösung der Wolframate einen gelben Niederschlag, der nach dem Ansäuern mit Salzsäure und Kochen sich schön blau färbt.

d) *Zink* ruft bei der durch Salzsäure abgeschiedenen Wolframsäure allmählich eine Blaufärbung hervor, die schließlich in Braun übergeht.

e) Die Verbindungen des Wolframs erteilen der *Phosphorsalzperle* in der reduzierenden Lötrohrflamme, namentlich auf Zusatz von etwas Stanniol, eine tiefblaue Färbung, die in der oxydierenden Lötrohrflamme wieder verschwindet. Bei Anwesenheit von Eisen zeigt die Perle eine blutrote Färbung, die jedoch auf Zusatz von Stanniol ebenfalls in Blau übergeht. Die *Boraxperle* wird in der oxydierenden Flamme durch Wolframverbindungen nicht gefärbt, in der reduzierenden Flamme tritt Gelbfärbung ein.

Wolframit und *Scheelit* liefern in der Phosphorsalzperle die Wolframreaktion und scheiden bei der Digestion mit Königswasser gelbe Wolframsäure ab.

11. Uran.

a) *Schwefelwasserstoff* fällt die Uransalze nicht; *Ammoniumsulfid* scheidet braunschwarzes *Uranoxysulfid*: UO_2S, ab, das in verdünnten Säuren und in Ammoniumkarbonat löslich ist. Bei Gegenwart von viel Ammoniumkarbonat werden daher die Uransalze durch Ammoniumsulfid nicht gefällt.

b) *Ammoniak* und *ätzende Alkalien* fällen aus Uranoxydsalzen gelbes, in einem Überschuß des Fällungsmittels unlösliches *Uranat*.

c) *Ammoniumkarbonat, Kalium-* und *Natriumkarbonat* rufen gelbe Fällungen hervor, die sich in einem Überschuß des Fällungsmittels wieder lösen. Beim Kochen letzterer Lösungen tritt von neuem Fällung ein.

d) *Kaliumferrocyanid* ruft eine tief rotbraune Fällung hervor.

e) *Natriumphosphat* fällt gelblichweißes Uranylphosphat, das unlöslich in Essigsäure, löslich in Mineralsäuren ist.

f) Die *Phosphorsalz-* und die *Boraxperle* lösen die Uranverbindungen in der oxydierenden Flamme mit gelber, beim Erkalten gelbgrün werdender Farbe. In der reduzierenden Flamme geht die Färbung in Grün über.

Uranpecherz liefert in der Phosphorsalzperle die Uranreaktion; es löst sich beim Kochen in Salpetersäure.

12. Palladium.

Das Palladium liefert zwei Reihen von Verbindungen: *Palladium-2-(Pallado-)* und *Palladium-4-(Palladi-)verbindungen.* Die Palladoverbindungen sind die analytisch wichtigeren und beständigeren. Die Palladiverbindungen gehen leicht in Palladoverbindungen über.

Die nachstehenden Reaktionen beziehen sich auf die *Palladoverbindungen.*

a) *Schwefelwasserstoff* und *Ammoniumsulfid* scheiden aus saurer und neutraler Lösung schwarzes Palladiumsulfür: PdS, ab, das unlöslich in Ammoniumsulfid, löslich in Königswasser ist.

b) *Kaliumjodid* fällt schwarzes, in verdünnten Säuren unlösliches Palladiumjodür. In einem Überschuß von Jodkalium und von Ammoniak ist das Palladiumjodür löslich.

c) *Quecksilbercyanid* scheidet gelbweißes Palladiumcyanür: $Pd(CN)_2$, ab, schwer löslich in Salzsäure, leicht löslich in Kaliumcyanid und in Ammoniak.

d) *Zinnchlorür* ruft bei Abwesenheit von freier Salzsäure einen schwarzen Niederschlag von Palladium hervor, bei Anwesenheit färbt sich die Lösung zunächst rot, dann braun und endlich grün.

13. Selen.

a) *Alle Selenverbindungen* entwickeln beim Schmelzen mit wasserfreiem Natriumkarbonat auf der Kohle einen Geruch, der an faulen Rettich erinnert, und liefern eine Schmelze, die blankes Silber schwärzt und, mit Säuren übergossen, übelriechendes Selenwasserstoffgas (H_2Se) entwickelt.

b) *Selen* (freies) löst sich in konz. Schwefelsäure mit grüner Farbe; durch Wasser wird es aus dieser Lösung als rotes Pulver wieder gefällt.

c) *Selen* (freies) verbrennt unter Entwicklung eines weißen Rauches mit blauer Flamme und verbreitet dabei einen Geruch nach faulem Rettich.

d) Schwefelwasserstoff fällt aus der salzsauren Lösung der *selenigen* Säure (H_2SeO_3) oder der *Selenite* ein gelbes Gemisch aus Selen und Schwefel, löslich in Ammoniumsulfid.

e) Schweflige Säure, Zinnchlorür und andere Reduktionsmittel scheiden aus der Lösung der *selenigen Säure* oder der *Selensäure* (H_2SeO_4), sowie der *Selenite* und der *Selenate* allmählich rotes Selen ab, das beim Kochen schwarz wird.

f) *Selensäure* und *Selenate* werden durch Kochen mit Salzsäure unter Chlorentwicklung zu seleniger Säure reduziert.

g) *Selensäure* und *Selenate* werden durch Schwefelwasserstoff nicht gefällt. Bariumchlorid fällt weißes Bariumselenat: $BaSeO_4$, unlöslich in Wasser und in verdünnten Säuren, löslich in konz. Salzsäure unter Entwicklung von Chlor.

14. Tellur.

a) *Alle Tellurverbindungen* liefern auf der Kohle in der inneren Lötrohrflamme einen weißen Beschlag; bläst man mit der inneren Lötrohrflamme auf den Beschlag, so verschwindet er unter Grünfärbung der Flamme. Mit Kaliumkarbonat auf der Kohle geschmolzen, liefern die Tellurverbindungen Kaliumtellurid: K_2Te, das sich in Wasser mit roter Farbe löst und, mit Salzsäure übergossen, unangenehm riechenden Tellurwasserstoff liefert.

b) *Tellur* (freies) löst sich in konz. Schwefelsäure mit karminroter Farbe; Wasser scheidet es mit schwarzgrüner Farbe wieder aus. An der Luft erhitzt, verbrennt das Tellur ohne Geruch mit blauer Flamme zu weißem Tellurigsäureanhydrid: TeO_2.

c) Aus salzsaurer Lösung der *tellurigen Säure* (H_2TeO_3) und der *Tellurite* fällt Schwefelwasserstoff ein schwarzbraunes, in Schwefelammonium lösliches Gemisch aus Tellur und Schwefel; schweflige Säure und Zinnchlorür scheiden schwarzes Tellur ab.

d) *Tellursäure* (H_2TeO_4) und *Tellurate* werden beim Kochen mit Salzsäure unter Chlorentwicklung zu telluriger Säure reduziert.

II. Reaktionen einiger organischer Säuren.

1. Bernsteinsäure, Succinate

a) Die freie Bernsteinsäure kennzeichnet sich zunächst durch ihre Flüchtigkeit (ohne Abscheidung von Kohle), durch den stechenden Geruch ihres Dampfes und durch ihren Schmelzpunkt (184°).

b) *Neutrale Ferrisalze* rufen in Bernsteinsäurelösung sofort oder nach einiger Zeit einen voluminösen, braunen Niederschlag hervor, ohne daß jedoch alles Ferrisalz gefällt wird. Letzteres ist der Fall, sobald die Bernsteinsäure zuvor mit Ammoniak neutralisiert wird.

c) Bernsteinsäure und ihre Salze werden durch *Kalkwasser* nicht gefällt; erst auf Zusatz von Alkohol scheidet sich voluminöses Calciumsuccinat aus.

d) *Bleiacetat* fällt Bleisuccinat, das sowohl in freier Bernsteinsäure, als auch in einem großen Überschuß von Bleiacetat löslich ist.

e) Löst man eine geringe Menge von Bernsteinsäure in einem Reagensglase in 3 ccm Salmiakgeist, dampft auf etwa 1 ccm ein, fügt 1 g Zinkstaub zu und erhitzt dann vorsichtig, schließlich bis zum Glühen, so enthalten die entweichenden Dämpfe *Pyrrol* und färben daher einen mit rauchender Salzsäure imprägnierten Fichtenspan rot. Letzterer ist jedoch erst nach Vertreibung des Ammoniaks in die Dämpfe einzuführen.

2. Milchsäure, Laktate.

a) Die Milchsäure unterscheidet sich von den meisten bekannteren organischen Säuren durch die schwierige Kristallisierbarkeit (sirupartige Form), die vollständige Geruchlosigkeit, die leichte Löslichkeit in Wasser, Alkohol und Äther, sowie durch die Entwicklung von Aldehydgeruch beim vorsichtigen Zusatz von Kaliumpermanganatlösung (1 : 100). Auch in der wäßrigen Lösung der Laktate wird durch vorsichtigen Zusatz von Kaliumpermanganatlösung Acetaldehyd gebildet. Filtriert man hierauf die Mischung, macht die farblose Flüssigkeit mit Kalilauge alkalisch, setzt dann Jod-Jodkaliumlösung zu, bis die Braunfärbung eben noch verschwindet, so scheidet sich *allmählich* Jodoform aus.

b) *Bleiacetat* bewirkt, auch bei Zusatz von Ammoniak, keine Fällung.

c) *Kalkwasser* erzeugt in der Lösung der Milchsäure und der Laktate weder in der Kälte noch beim Kochen eine Fällung.

d) *Eisenchlorid* ruft keine Fällung hervor, auch nicht auf Zusatz von Ammoniak, sondern in letzterem Falle nur eine intensive Rotfärbung. Eine Lösung von 2 Tropfen Liquor ferri sesquichl. in 100 ccm Wasser und 2 Tropfen starker Salzsäure färbt sich durch Milchsäure stark gelb.

e) Die violette Farbe eines Gemisches von 10 ccm Phenollösung von 4 vH, 20 ccm Wasser und 2 g Liquor ferri sesquichl. wird durch Milchsäure in Zeisiggrün übergeführt.

f) In Ermangelung empfindlicher und charakteristischer Reaktionen benutzt man zum Nachweis kleiner Mengen von Milchsäure häufig die Formen der *Calcium-* und *Zinksalze* unter dem Mikroskop.

3. Äpfelsäure, Malate.

a) *Kalkwasser* ruft weder in der Kälte noch beim Erhitzen eine Fällung hervor.

b) *Bleiacetat* fällt aus der Lösung der Äpfelsäure und deren Salze weißes, nach längerem Stehen kristallinisch werdendes *Bleimalat*; beim Kochen wird letzteres zum Teil gelöst, zum Teil schmilzt es harzartig zusammen.

c) Durch Erhitzen auf 150° wird die Äpfelsäure in die schwer lösliche, gut kristallisierende *Fumarsäure* übergeführt. Die Mehrzahl der äpfelsauren Salze geht gegen 200° in *fumarsaure Salze* über.

4. Zitronensäure, Citrate.

a) *Kalkwasser* bis zur alkalischen Reaktion zugesetzt, ruft in der Kälte keine Fällung hervor, beim Kochen scheidet sich *Calciumcitrat* aus, das sich, wenn das Kochen nur kurze Zeit stattfand, beim Erkalten der vor Luftzutritt geschützten Mischung wieder auflöst.

b) *Bleiacetat* fällt weißes *Bleicitrat*: löslich in Salpetersäure, Ammoniak und Alkalicitrat.

c) *Konz. Schwefelsäure* löst Zitronensäure und Citrate bei mäßigem Erwärmen (unter 90°) unter lebhafter Entwicklung von Kohlenoxyd und Kohlensäureanhydrid ohne Bräunung auf. Äther entzieht der erkalteten und vorsichtig mit Wasser verdünnten gelb gefärbten Lösung Acetondikarbonsäure, deren Auflösung in Wasser durch Eisenchlorid rotviolett gefärbt wird.

d) Bei raschem Erhitzen an der Luft findet Bräunung und schließlich Verkohlung statt, unter Entwicklung eines eigentümlichen, brenzlichen Geruchs.

e) *Kaliumacetat* ruft auch in der konzentrierten wäßrigen Lösung der Zitronensäure und der Citrate *keine* Ausscheidung hervor.

f) *Bariumacetatlösung* scheidet, im Überschuß angewendet, aus Alkalicitratlösung oder aus der mit Ammoniak neutralisierten Zitronensäurelösung einen amorphen, in Wasser sehr wenig löslichen Niederschlag ab, der bei längerem Erwärmen kristallinisch wird.

g) Gibt man zu 5 ccm einer wäßrigen Zitronensäurelösung 1 ccm Mercurisulfatlösung (0,5 HgO in einem Gemisch von 2 ccm konz H_2SO_4 und 10 ccm Wasser gelöst), erhitzt zum Kochen und fügt 5 Tropfen 2proz. Kaliumpermanganatlösung hinzu, so entsteht ein weißer Niederschlag, der aus einer Quecksilberverbindung der Acetondikarbonsäure besteht.

5. Benzoesäure, Benzoate.

a) Die *freie* Benzoesäure kennzeichnet sich zunächst durch das Äußere, durch die leichte Sublimierbarkeit, durch den Schmelzpunkt (122°) und meist auch durch einen eigentümlichen Geruch (von kleinen Beimengungen aus dem Darstellungsmaterial herrührend).

b) Durch *Kalkwasser* tritt weder in der Kälte noch in der Wärme eine Fällung ein.

c) *Bleiacetat* fällt Benzoesäurelösung nicht, wohl aber die der Benzoate.

d) *Eisenchlorid* scheidet aus der Lösung der Benzoesäure und der Benzoate voluminöses, gelbrotes *Ferribenzoat* aus.

6. Salicylsäure, Salicylate.

a) *Ferrisalze* rufen eine schön violette Färbung hervor.

b) *Kupfersulfat* färbt die Lösung der Salicylsäure und der Salicylate schön grün; freie Mineralsäuren und ätzende Alkalien hindern die Reaktion.

c) *Bleiacetat* fällt Salicylsäurelösung nicht, wohl aber die der Salicylate; der Niederschlag löst sich in Essigsäure und in einem Überschuß des Fällungsmittels, nicht dagegen in Ammoniak.

d) Die *freie* Salicylsäure schmilzt bei 156—157°; mit *Ätzkalk* im Glühröhrchen erhitzt, tritt Phenolgeruch auf.

III. Grundzüge der Analyse von Substanzen, Mineralien usw.,

die die selteneren Elemente enthalten:

V, Ti, Tl, W, Mo, Se, Te, U, Be, Ce, La, Di, (Pr, Nd), Th, Zr, Y, Ir, Pd, Ru, Os, In, Ga, usw.

Die Mehrzahl obiger Elemente wird sich schon durch die Färbung der Flamme, sowie durch das Verhalten in der Phosphorsalzperle bemerkbar machen: Färbung in der oxydierenden und in der reduzierenden Lötrohrflamme, in letzterer häufig nach Zusatz von etwas Zinnfolie (vgl. S. 66 u. f.).

Die *Auflösung* bzw. *Aufschließung* geschieht im allgemeinen in der auf S. 7a u. f., sowie bei den Reaktionen der selteneren Elemente auf S. 93 u. f. angegebenen Weise. Auch die weitere Untersuchung der erzielten Lösungen ist im allgemeinen die systematische des üblichen Ganges.

Nachweis von *Oxalsäure, Bernsteinsäure, Äpfelsäure, Weinsäure* und *Zitronensäure* nebeneinander.

Die Lösung der freien Säuren oder die Lösung der Alkalisalze (durch Kochen der Substanz mit K_2CO_3 im geringen Überschuß und darauffolgendes Neutralisieren des Filtrats mit Essigsäure zu erhalten) werde bei gewöhnlicher Temperatur zunächst mit Calciumacetat, dann mit Kalkwasser bis zur stark alkalischen Reaktion versetzt und hierauf bis zur vollständigen Klärung stehen gelassen.

In Lösung bleiben die Kalksalze der *Bernsteinsäure, Äpfelsäure* und *Zitronensäure*.

Man erhitzt die filtrierte Flüssigkeit kurze Zeit *zum Sieden.*

Niederschlag:

Calciumcitrat:

Beim Erkalten der Flüssigkeit sich größtenteils wieder lösend. Weitere Identifizierung durch Bariumacetat usw. (s. S. 100).

Kochend heißes Filtrat:

Calciumsuccinat:

Neutrales $FeCl_3$ fällt nach dem Erkalten in der *neutralen*, eventuell zuvor eingedampften Flüssigkeit flockiges, rotbraunes Ferrisuccinat. Weitere Identifizierung durch die Pyrrolreaktion (s. S. 99c).

Calciummalat:

Bleiacetat fällt aus der erkalteten, *neutralen*, eventuell zuvor eingedampften Flüssigkeit weißes, in einem Überschusse des Fällungsmittels unlösliches Bleimalat (vgl. S. 100).

Gefällt werden die Kalksalze der *Oxalsäure* und *Weinsäure*.

Niederschlag wird mit verdünnter Essigsäure gekocht.

Rückstand:

Calciumoxalat:

In Salzsäure löslich; schwärzt sich nicht beim Erhitzen auf dem Platinbleche (s. auch S. 60).

Filtrat:

Calciumtartrat:

Auf Zusatz von Ammoniak oder von Kalkwasser bis zur alkalischen Reaktion scheidet sich wieder weißes Calciumtartrat ab. Letzteres ist in Ammonchlorid löslich und schwärzt sich beim Erhitzen auf dem Platinbleche (s. auch S. 60).

Ist durch die Vorproben die Anwesenheit eines *Titanits* oder *titansäure-
haltigen Minerals* wahrscheinlich gemacht, so schließe man die sehr fein gepulverte Substanz durch *langanhaltendes Schmelzen* mit $KHSO_4$ (1 : 6) auf, behandle
die Schmelze mit viel *kaltem* oder *lauwarmem* Wasser, dem einige Tropfen H_2SO_4
zugesetzt sind, und prüfe die erzielte Lösung auf Titansäure, wie S. 93 angegeben
ist. Durch anhaltendes Kochen ist dann die Titansäure aus dieser Lösung abzuscheiden und das Filtrat in der üblichen Weise auf andere Basen zu prüfen.

Um *Titansäure in Silikaten* nachzuweisen, schließe man durch Schmelzen
mit der 4fachen Menge Natrium-Kaliumkarbonat auf und scheide die Kieselsäure ab (vgl. S. 75 u. f.).

Ein Teil der Titansäure findet sich dann bei der abgeschiedenen Kieselsäure, der andere geht in die salzsaure Lösung und fällt daraus auf Zusatz
von Ammoniak (mit Fe, Al usw.).

Um die Titansäure in letzterem Niederschlag zu finden, schmelze man ihn
mit $KHSO_4$ und verfahre, wie oben erörtert ist.

Von der Kieselsäure läßt sich die Titansäure durch wiederholtes Erhitzen
mit Flußsäure und Schwefelsäure, oder durch schwaches Glühen mit Ammoniumfluorid trennen. Kieselsäure entweicht hierbei als Siliciumfluorid, Titansäure
bleibt zurück.

Gruppe A. Salzsäureniederschlag.

Außer Pb, Ag und Hg (Mercuroverbindungen) können durch HCl noch gefällt werden:

a) Aus neutraler oder schwach salpetersaurer Lösung: TlCl.

b) Aus neutraler oder schwach alkalischer Lösung: Wolframsäure (unter
Umständen auch SiO_2 und MoO_3); WO_3, MoO_3 und SiO_2 werden auch durch
HNO_3 gefällt. Die Kennzeichung von Pb und Hg geschieht in der üblichen Weise,
ebenso auch die des Ag, wenn *kein Wolfram vorhanden ist*.

Thallium	*Wolfram*	*Molybdän*
Weißer, anfangs käsiger, allmählich pulveriger, lichtbeständiger Niederschlag: TlCl. Grünfärbung der Flamme. Die heiße wäßrige Lösung gibt mit KJ und H_2PtCl_6 gelbe Fällungen. Vgl. S. 95. Zur weiteren Charakterisierung benutze man das Spektroskop.	Weißer, pulveriger, beim Kochen gelb werdender Niederschlag: WO_3. Verhalten in der Phosphorsalz- und Boraxperle, sowie Verhalten gegen Zink zu untersuchen (s. S. 97). *Wolfram* neben *Silber*. Aus dem NH_3-Auszug des HCl-Niederschlages werde Ag durch H_2S gefällt, das Ag_2S abfiltriert, ausgewaschen, in HNO_3 gelöst und durch HCl nachgewiesen. Wird das Filtrat vom Ag_2S dann mit HCl schwach angesäuert, so fällt WS_3. Letzteres ist in der Phosphorsalz- und Boraxperle weiter zu kennzeichnen (s. S. 97).	Weißer, kristallinischer Niederschlag: MoO_3. In der Phosphorsalz- und Boraxperle zu kennzeichnen (s. S. 97). *Wenig* H_2S färbt die saure Lösung *blau*. In NH_3 gelöst, die Lösung *in* überschüssige HNO_3 gegossen, *wenig* Na_2HPO_4 zugefügt und einige Zeit beiseite gestellt: allmählich gelber, kristallinischer Niederschlag.

Gruppe B. Schwefelwasserstoff-Niederschlag.

Außer den auf Tab. I angegebenen Elementen werden durch H_2S in saurer Lösung noch gefällt:

$$Mo, \ Se, \ Te, \ Pd, \ Ir, \ Os, \ Ru, \ Rh.$$

(Bei Gegenwart von V, Mo und auch W pflegt die über dem H_2S-Niederschlage befindliche Flüssigkeit blau gefärbt zu sein.)

Nach vollständiger Ausfällung wird der H_2S-Niederschlag abfiltriert, ausgewaschen und mit gelbem Ammoniumsulfid digeriert; [zunächst eine Probe des Niederschlags, und nur wenn etwas in Lösung geht, die ganze Menge, vgl. Tab. I].

a) *In $(NH_4)_2S$ sind unlöslich*: HgS, CuS, PbS, CdS, Bi_2S_3, PdS, OsS_4, Ru_2S_3, Rh_2S_3.

b) *In $(NH_4)_2S$ sind löslich*: As_2S_3, Sb_2S_3, SnS_2, Au_2S_3, PtS_2, IrS_2, MoS_3, SeS_2[1], TeS_2[1].

a) *In $(NH_4)_2S$ unlöslicher Teil.*

Da Pd, Ru, Rh, Os nur bei der Analyse der Platinmetalle in Frage kommen (worüber Spezialwerke zu befragen sind), so ist dieser Teil des H_2S-Niederschlags direkt nach Tab. I zu untersuchen.

b) *In $(NH_4)_2S$ löslicher Teil.*

α) Bei Abwesenheit von Pt, Au und Ir.

Man trockne den durch HCl und darauffolgendes gelindes Erwärmen aus der Ammoniumsulfidlösung abgeschiedenen Niederschlag, mische ihn innig mit je der gleichen Menge Na_2CO_3 und $NaNO_3$ und trage das Gemenge in kleinen Portionen in einen Porzellantiegel ein, in dem 2 Teile $NaNO_3$ bei *mäßiger Wärme* zum Schmelzen gebracht sind. Ist alles oxydiert, so gieße man die Schmelze in einen Porzellanscherben, weiche sie nach dem Erkalten mit kaltem Wasser auf, filtriere das Ungelöste ($NaSbO_3$ und SnO_2) ab, wasche es mit Wasser und Alkohol zu gleichen Teilen aus, und untersuche nach Tab. VII auf *Sb* und *Sn*.

Die Temperatur der Schmelze darf nicht zu hoch gesteigert und das Schmelzen nicht zu lange ausgedehnt werden, um die Bildung von wasserlöslichem Na_2SnO_3 zu verhüten.

Das Filtrat von $NaSbO_3$ und SnO_2 oder bei deren Abwesenheit die Lösung der Schmelze, welche eventuell Na_3AsO_4, Na_2MoO_4, Na_2SeO_4 und Na_2TeO_4 enthält, werde eingedampft, in 3 Teile geteilt und diese auf As, Se und Te, sowie auf Mo in nachstehender Weise geprüft (s. S. 105 oben).

β) Bei vermutlicher Anwesenheit von Pt, Au und Ir.

Man mische den trocknen, eventuell die Sulfide des As, Sb, Sn, Mo, Se, Te, Pt, Au, Ir enthaltenden Niederschlag innig mit 1 Teil NH_4NO_3 und 5 Teilen NH_4Cl und erhitze das Gemisch in einem trockenen Reagensglase, oder besser in einem Porzellanschiffchen, das sich in einem horizontal liegenden Glasrohr (1,5 cm weit, 30—40 cm lang) befindet, in einem langsamen Luftstrome. Als Sublimationsrückstand verbleiben: *Pt, Au, Ir* als Metalle; während *As, Sb, Sn, Mo, Se* und *Te* sich in dem entstandenen Sublimat befinden. *Pt, Au* und *Ir* werden durch Zerschneiden des Reagensglases oder durch Herausnehmen des Schiffchens von dem Sublimat getrennt, in Königswasser gelöst und die Lösung nach Tab. II

---

[1] Gemische aus Schwefel mit Selen bzw. Tellur (s. S. 98 und 99).

I. Teil: *Arsen:*	II. Teil: *Selen, Tellur.*	III. Teil: *Molybdän.*
Die Lösung werde mit HNO_3 sauer gemacht und a) mit Ammonmolybdat-Lösung *im Überschuß* erwärmt: Gelber, kristallinischer Niederschlag. b) mit $AgNO_3$-Lösung versetzt und mit Ammoniak geschichtet: Rotbraune Zone. c) mit Ammoniak und Magnesiamixtur versetzt: *allmählich* kristallinischer Niederschlag, eventuell nach 24 Stunden zu sammeln, mit NH_3 auszuwaschen, in verdünnter H_2SO_4 zu lösen und mit viel H_2S-Wasser (erwärmen), oder mit Bettendorffschem Reagens oder im Marshschen Apparat zu prüfen.	Die Lösung werde mit *starker* Salzsäure einige Zeit gekocht: Bildung von H_2SeO_3 und H_2TeO_3 unter Chlorentwicklung. Dann erwärme man die Flüssigkeit mit schwefliger Säure und lasse sie einige Zeit stehen. *Selen:* allmählich rote Abscheidung: Se. *Tellur:* allmählich schwarze Abdung: Te. Se und Te sind nötigenfalls nach S. 98 und 99 weiter zu kennzeichnen. *Trennung des Se vom Te.* Man sammle den durch SO_2 erzeugten Niederschlag, trockne ihn, schmelze ihn mit KCN, löse die Schmelze in Wasser und setze die klare Lösung in einer Schale der Luft aus: allmähliche Abscheidung von schwarzem *Te*. *Se* bleibt hierbei in Lösung und kann aus dem Filtrat vom ausgeschiedenen Te durch HCl *allmählich* als rotes Pulver ausgeschieden werden.	Die Lösung werde mit HCl oder HNO_3 angesäuert und dann, wie S. 97 angegeben ist, auf Molybdän geprüft.

auf *Pt* und *Au* geprüft; *Ir* bleibt hierbei im wesentlichen zurück. Das Sublimat, das eventuell As, Sb, Sn, Mo, Se, Te enthält, wird in Salzsäure gelöst und es werden aus der Lösung die Elemente als Schwefelverbindungen durch H_2S abgeschieden. Die weitere Untersuchung dieser geschieht dann nach α), s. S. 104.

Gruppe C. Ammoniumsulfidniederschlag.

Aus alkalischen Lösungen werden bei Gegenwart von NH_4Cl außer den auf Tab. III angegebenen Elementen gefällt:

als Sulfide: *U, Tl, In* und *Ga*;

als Hydroxyde: *Be, Th, Zr, Y, Ce, La, Ta, Nb, Er.*

Der Fall, daß alle diese Elemente gleichzeitig nebeneinander vorhanden sind, kommt in praxi nie vor, vielmehr wird es sich immer nur um Scheidurg gewisser, zueinander in Beziehung stehender oder gemeinsam vorkommender Elemente handeln.

Der gut ausgewaschene Ammoniumsulfidniederschlag werde mit kalter Salzsäure (5 vH HCl) im Überschuß geschüttelt; es bleiben *CoS* und *NiS* im wesentlichen ungelöst (s. Tab. III). Die erzielte salzsaure Lösung werde hierauf mit HNO_3 gekocht (um Ferrosalze zu oxydieren), alsdann mit NH_3 übersättigt und der entstehende Niederschlag (c) sofort von der Flüssigkeit (d) abfiltriert (s. Tabelle III).

1. *Die Lösung d kann enthalten*: Mn, Zn, Ga und Tl.

Die Trennung geschieht nach der Tab. III; Ga und Tl verbleiben hierbei mit dem Zink in Lösung und sind eventuell durch das Spektroskop nachzuweisen. *Tl* kann, nach dem Neutralisieren der alkalischen Lösung mit HNO_3 und Eindampfen, eventuell auch durch KJ nachgewiesen werden (s. S. 95). Der Nachweis des Tl kann auch direkt in einer Probe des $(NH_4)_2$S-Niederschlags geführt werden. (Lösen in verdünnter H_2SO_4, gelinde erwärmen bis H_2S entfernt ist, dann mit NH_3 annähernd neutralisieren und mit KJ prüfen.)

2. *Der Niederschlag c kann enthalten*: Die Hydroxyde des *Fe, Cr, Al, Be, U, In, Ce, La, Nd, Pr, Y, Er, Ta, Nb, Th, Zr* und das Phosphat des *Ca*; die Phosphate des *Ba, Sr* und *Mg*, ebenso Oxalate des *Ca, Ba* und *Sr* dürften im Verein mit obigen Elementen in praxi kaum vorkommen. *In* ist spektroskopisch nachzuweisen.

Der Niederschlag werde mit kalter konz. Kalilauge im Überschuß geschüttelt, die Mischung etwas mit Wasser verdünnt und filtriert:

In Lösung gehen: $Al(OH)_3$, $Be(OH)_2$ und $Cr(OH)_3$. Die Lösung werde mit H_2O verdünnt und längere Zeit gekocht: es werden abgeschieden: $Cr(OH)_3$ und $Be(OH)_2$. $Al(OH)_3$ bleibt in Lösung und kann durch konz. NH_4Cl-Lösung aus der filtrierten Flüssigkeit gefällt werden. *Trennung von Cr und Be*: Der Niederschlag werde mit 2 Teilen $KClO_3$ und 2 Teilen K_2CO_3 im Platintiegel geschmolzen, die Schmelze mit Wasser aufgeweicht und die Lösung mit HNO_3 angesäuert. *Be* wird durch NH_3 im geringen Überschuß gefällt, *Cr* bleibt mit gelber Farbe gelöst.	*Ungelöst bleiben*: die Hydroxyde des Fe, U und der selteneren Elemente, ebenso $Ca_3(PO_4)_2$ [eventuell auch etwas $Cr(OH)_3$ und Al $(OH)_3$]. Der Niederschlag werde wiederholt längere Zeit mit konz. Ammoniumkarbonatlösung kalt geschüttelt. *Es bleiben ungelöst:* $Fe(OH)_3$, $Ca_3(PO_4)_2$ und eventuell auch etwas $Cr(OH)_3$ und $Al(OH)_3$. [Über deren Trennung siehe Tab. III, IV und V.] *Gelöst werden*: die Hydroxyde des U, Ce, La, Nd, Pr, Y, Er, Ta, Nb, Zr u. Th. *U.* Eine Probe dieser Lösung werde mit HCl angesäuert und mit $K_4Fe(CN)_6$ versetzt: braunroter Niederschlag. Der Rest der Lösung werde zum Kochen erhitzt: *Th, Zr, Y* werden abgeschieden. Aus dem eingeengten Filtrate scheidet konz. Oxalsäurelösung *im Überschuß*: Ce, La, Nd, Pr ab. (Nach längerem Stehen auch U.)

Gruppe D und E.

Das Filtrat vom $(NH_4)_2$S-Niederschlag kann bei brauner oder braunroter Färbung außer den alkalischen Erden usw. noch *Ni, V* und *W* enthalten. Man säure es mit HCl schwach an, filtriere den Niederschlag (N) ab, wasche ihn aus und schmelze ihn nach dem Trocknen mit KNO_3 und Na_2CO_3. Nach dem Aufweichen mit Wasser bleibt NiO_2 ungelöst. Die Lösung werde mit so viel *festem* NH_4Cl versetzt, daß noch etwas ungelöst bleibt. *V* wird nach einiger Zeit als Ammoniumvanadat abgeschieden; es werde gesammelt und nach S. 93 gekennzeichnet. Das Filtrat von Ammoniumvanadat werde mit HCl im Überschuß eingedampft, der Rückstand mit Wasser ausgezogen und das Ungelöste in der Phosphorsalz- und Boraxperle auf *W* geprüft. Das Filtrat vom Niederschlag (N) ist alsdann in der üblichen Weise nach *Gruppe D* auf *Ca, Sr* und *Ba*, sowie nach *Gruppe E* auf *Mg, K, Na, Li* zu prüfen. *Rb* und *Cs*, welche eventuell mit den Alkalien in *Gruppe E* zurückbleiben, sind spektroskopisch nachzuweisen.

Unlöslicher Rückstand.

Bei Berücksichtigung der selteneren Elemente kann der in Königswasser unlösliche Rückstand noch enthalten die Sauerstoffverbindungen des Be, Ti, W, Mo, Th, Zr, Ce, Ta, Nb und die Platinmetalle Ir, Os, Ru, Rh. In vielen Fällen wird dann die Phosphorsalzperle in der reduzierenden Flamme blau, violett oder blutrot (bei Gegenwart von Fe), namentlich unter Zusatz von etwas Stanniol, gefärbt werden. Man schließe zunächst durch anhaltendes Schmelzen im Silbertiegel mit KOH und KNO_3 auf und extrahiere die Schmelze mit heißem Wasser. Das Ungelöste schließe man mit $KHSO_4$ (1 : 6) auf und löse in viel Wasser. Die hierbei erhaltenen Lösungen sind dann nach obigen Angaben weiter zu prüfen.